品成

阅读经典 品味成长

从此刻开始幸福

アドラー心理学実践入門
──「生」「老」「病」「死」
との向き合い方

[日] 岸见一郎　著

刘会祯　马奈　译

人民邮电出版社

北京

图书在版编目（CIP）数据

从此刻开始幸福 /（日）岸见一郎著；刘会祯，马
奈译．-- 北京：人民邮电出版社，2024.10．--ISBN
978-7-115-64682-8

Ⅰ．B84-49

中国国家版本馆 CIP 数据核字第 2024V65S42 号

版 权 声 明

◆ 著　　　　　[日]岸见一郎
　　译　　　　　刘会祯　马　奈
　　责任编辑　马晓娜
　　责任印制　陈　犇
◆ 人民邮电出版社出版发行　　　北京市丰台区成寿寺路 11 号
　　邮编 100164　　电子邮件 315@ptpress.com.cn
　　网址 https://www.ptpress.com.cn
　　文畅阁印刷有限公司印刷
◆ 开本：787×1092　1/32
　　印张：8　　　　　　　　　　2024 年 10 月第 1 版
　　字数：100 千字　　　　　　2024 年 11 月河北第 2 次印刷
　　　　著作权合同登记号　图字：01-2024-1799 号

定价：45.00 元

读者服务热线：（010）81055671　印装质量热线：（010）81055316
反盗版热线：（010）81055315
广告经营许可证：京东市监广登字 20170147 号

岸见一郎传递的是真正的强者哲学,他写的内容,给了我很多价值千金的启发,接下来,我会长期推广他的作品。

——个人品牌顾问,《一年顶十年》作者

剽悍一只猫

《从此刻开始幸福》带给我们一个重要的启示:幸福不是遥远的目标,也不仅仅属于少数幸运儿。幸福是每个人都可以掌握和选择的,它取决于我们是否有勇气去面对生活中的挑战，去选择活在当下，而非活在他人的期待中。岸见一郎用他深刻的见解告诉我们，无论我们身处何境，只要愿意改变自己的视角和行动，从此刻开始，我们就能够感受到幸福的到来。

——哲学博士，心理咨询师，督导师　张沛超

阿德勒心理学，是属于所有人的生命艺术。它立足人间生存困境，给出幸福之道，教会我们如何找到内心的富足与和谐。

——全民幸福社创始人，阿德勒研究者，

幸福心理学开创者　李文超

阿德勒心理学是一种生活的艺术，一种自我超越的勇气。《从此刻开始幸福》这本书很好地介绍了阿德勒关于幸福的看法——幸福不是外在条件的堆砌，而是内在态度的选择。我们对经历的解释和我们赋予生活的意义，决定了我们的幸福感受。推荐这本书给

所有追求稳固的幸福感的朋友，它将帮助你实现自我成长，学会在生活的每一个瞬间中发现幸福，让生活充满意义和喜悦。

——关系心理学家，《恰如其分的孤独》作者　胡慎之

《从此刻开始幸福》不仅是一本关于阿德勒心理学的书籍，也是一本关于智慧的指南。告诉你如何在挑战中保持坚韧，如何在痛苦中找到成长的力量，从而走向更加喜悦的人生。

——张德芬空间 CEO，全国标准委心理咨询服务分技术委员会委员　卢熠翎

我们都具备让自己幸福的资源，不必等到什么时候，也不必等你完成什么，此时此刻就已足矣。我们不具备的，可能只是让自己幸福起来的方法，《从此刻开始幸福》这本书恰好可以补充。

——壹心理创始人，冥想星球 App 发起人　黄伟强

过去不能决定你的幸福，你的幸福从此刻开始！作为一名心理工作者，我至今还记得第一次读到书中阿德勒心理学这个观点时，有种眼前一亮的希望感。我们都想要幸福，但我们却往往误入了歧途，以为找到合适的伴侣就会幸福，以为得到别人的赞美就会幸福，以为自己的不幸都是有原因的，以为自己不喜欢自己是因为自己还不够好。我们总是以为幸福在外面，以为不幸的原因在外面，可是阿德勒心理学告诉我们，爱和幸福是你自己的能力，也是你自己的决定。幸福不在任何人那里，你可以此刻就开始练习爱、练习幸福。

不妨听听这两句话："你不是无法喜欢上自己，而是你已经决定不去喜欢自己。""过去的经历是否是创伤，不在于那个经历本身，而是在于你决定赋予那个经历什么意义。"既然一切都是我们自己的决定，那不如重新做决定，进入这本书，去探索那些爱和幸福的决定！

——全民幸福社创始人，幸福心理学专家　徐秋秋

《从此刻开始幸福》以其深刻的洞察力，为我们重塑了对幸福的理解。作者岸见一郎从阿德勒心理学出发，引导我们在复杂的人际关系中找到自我，在生活的不确定性中找到安宁。书中不仅提供了心理学的深度分析，还给出了实用的策略，帮助我们培养对幸福的觉察，在忙碌的生活中找到方向，在日常生活中发现并创造幸福，享受每一个简单而真实的瞬间。

——心理学空间网创始人　陈明

合上这本书，心中久久涌动着醇厚的感动。作为一名从业快二十年的职业心理咨询师，我并不缺少被专业书的晦涩难懂折磨的经验，将书中理念传递给来访者更是难上加难，而阿德勒心理学的最闪耀明媚之处，就是大道至简。几乎每个迷茫的人都能从这本书中得到深深的共情和直指人心的指导。阿德勒心理学至今仍然动人心魄，深具现实意义。无法想象，在那个至暗的时代背景下，阿德勒是如何思考出了这样璀璨而深刻的思想。我联想到在多个咨询场景中，我常常对来访者说这样一句话："是的，你受伤了，因此你选择了承受痛苦。但是，无论你遭遇了什么，你选择了什么，你仍然可以在此刻或未来做出不同的选择。"每当这时候，我仿佛能够看到阿德勒那慈祥的身影，在百年前对我点头示意……

——尚想心理首席咨询师　顾怡

养成幸福的风格

如果有人问我是否幸福，我恐怕一时半会儿答不上来，甚至大概率会反问："你说的幸福是什么？"

我想阿德勒会回答："幸福是一种生活风格。"所以幸福并非仅由性格决定，也并非由外界决定。相反，作为一种生活风格，幸福是可选择、可养成的。换句话说，如果你有幸福的勇气，你就可以选择幸福。

在当今社会，追求幸福的过程往往被各种社会期待和个人的不安全感湮没。然而，《从此刻开始幸福》这本书，正如其书名所示，给我们带来了希望的曙光。它不仅仅是一部哲学思考书，更是一本实用指南，帮助我们在日常生活中培养真正的幸福感。作者岸见一郎先生不光是位专业的哲学家（先生精通古希腊语和德语，熟谙柏拉图和亚里士多德哲学），也历经了种种人生的困厄（母亲早逝，父亲罹患阿尔茨海默病，自己又因为心脏疾患死里逃生），但作者坚定地选择了幸福的过法，并勇于向公众分享。

从古希腊哲学到现代心理学，幸福一直是人类思考的中心主题之一。哲学家柏拉图曾说："出生即是痛苦的开始。"在古希腊人的世界观中，人最大的幸福是不出生，第二大的幸福是早早离世。尽管这种观点在今天的社会中已不被接受，但"生存即是痛苦"这一事实依然无法被忽视。岸见一郎在《从此刻开始幸福》中并不否认生活中的痛苦，但他引导我们去理解，正是这些痛苦让我们能够在磨练中找到生存的意义，找到生活中的幸福感。

尽管岸见先生涉猎甚广，但这本书的核心思想还是基于阿德勒心理学。作为奥地利著名心理学家的阿德勒，提出了"个体心理学"这一理论。他认为人类所有的烦恼都源于人际关系，而一旦我们能够从这些烦恼中解脱出来，幸福便会随之而来。岸见一郎在书中强调，幸福并不依赖于外在的成就或他人的认可，而在于个体如何通过自我反思来改变对生活的态度。岸见一郎通过这本书，将阿德勒的理论与现代生活中的诸多挑战相结合，探讨了如何面对老去、疾病乃至死亡等现实问题。

让我印象深刻的是书中有一个有代表性的故事，讲述了一位大学生因为对未来四十年平淡无奇的生活感到绝望，决定参与集体自杀。他坦言："如果我今后的生活就是如此单调重复，那我宁愿结束这一切。"这一事件表明，现代社会对于幸福的定义常常扭曲了人们的认知。许多人被困在学业、职业成就这些社会衡量标准的框架中，失去了对自我真正幸福的追求。岸见一郎提醒我们，真正的幸福并不在于遵循社会设定的成功标准，而在于有勇气做自己，过真实的生活。所以没有勇气的幸福恐怕只是泡沫，而从真实的体验中习得的幸福才有足够坚实的质地，借此我们才能成为真正的个体。

岸见一郎在书中探讨了幸福并非一种遥不可及的理想，而是可以通过日常生活中的小事去实践的，作者看似琐碎地回顾了自己照顾病母、在母亲离世之后和父亲不得不从零开始学做饭、在自己生病时死里逃生等诸多体验，通过这些可能出现在每一个人身上的事件，分享了他是如何搜集幸福的吉光片羽并悉心编织幸福的羽衣。岸见一郎在书中还提出，真正的幸福并不来自竞争和攀比，而在于通过对他人的关心与帮助，获得自我价值的实现。他指出，幸福不应该仅仅依赖外在的成就或他人的认可，而应该源于我们内心的满足感。无论是通过与他人的关系，还是通过自己对社会的贡献，都可以让我们感受到幸福的意义。其实作者分享这些对于幸福的真知灼见就是对社会的贡献。

阿德勒心理学的一个核心观点是，幸福是每个人都可以选择的，而且我们可以随时开始选择幸福。这与许多传统的观点不同，它强调幸福不是一个需要我们终身去追求的目标，而是我们通过改变自己的生活方式，能够立即体验到的。岸见一郎指出，幸福的生活需要我们对自己的内心有更深入的了解，并且敢于面对内心的焦虑和恐惧。他强调了自我接纳和勇气的重要性，认为只有当我们能够接受自己不完美的一面时，才能真正开始追求幸福。岸见一郎在书中多次强调："幸福不是命运的安排，而是我们自己创造的。"这一观念鼓励读者从现在开始，主动地去塑造自己的生活和幸福。如果你在阅读本书的某个时刻，突然感觉到被幸福"召唤"，请一定不要忽略这个神圣的当下，不要试图把书放到一边，对自己说："到了……那天再说吧！"

同作者以往的著作不同，书中还深入探讨了人类面对生老病死的态度。这些看似不可避免的人生课题，通常会被我们回避或畏惧，但岸见一郎主张，正是面对这些课题的勇气，可以让我们找到幸福的真正意义。只有正视死亡，我们才能更深刻地理解生命的可贵。在探讨死亡的问题时，岸见一郎引用了阿德勒的观点，认为死亡并不可怕，重要的是我们在有生之年做出了什么贡献。即使生命终结，只要我们为社会和他人留下了积极的影响，死亡就不再是令人恐惧的事情。即便在生命的终点，我们依然可以通过为社会和他人做贡献，感受到存在的价值。先生和阿德勒都曾遭遇心肌梗死的威胁，幸好先生挺过来了，这给了他一种阿德勒不曾有的幸运，那就是在第二段生命郑重地把享受幸福、分享幸福作为使命。

　　总之，《从此刻开始幸福》带给我们一个重要的启示：幸福不是遥远的目标，也不仅仅属于少数幸运儿。幸福是每个人都可以掌握和选择的，它取决于我们是否有勇气去面对生活中的挑战，去选择活在当下，而非活在他人的期待中。岸见一郎用他深刻的见解告诉我们，无论我们身处何境，只要愿意改变自己的视角和行动，从此刻开始，我们就能够感受到幸福的到来。

希望这本书能为每一位读者提供关于幸福的新的视角和方向，帮助大家在生活的每一个瞬间都能够找到属于自己的幸福源泉。

张沛超

哲学博士，心理咨询师，督导师

甲辰初秋

致敬阿德勒：
从此刻开始幸福

简单而幸福地活着，几乎是所有人类的深切愿望，但千百年来，却很少有人真正活出这样的一生。

生活在世上的每个人，都渴望幸福，却并非人人获得了幸福。如果说物质上的成功就是幸福，那么最幸福的人就应该是各行各业的成功人士。可在多年的咨询和教学工作中，我发现个案中不乏事业很成功的人，他们或是企业主、高管，或是银行家、医生，拥有花不完的钱，却也有着解不开的心结、倾诉不完的烦恼。成功和幸福兼得的人显然是凤毛麟角。如果说勤奋的人才配拥有幸福，那认真生活的人们应早已与痛苦绝缘。但只要去问问夜间还在劳作的人们，就很容易得到这样的回答："我的生活谈什么幸福呢？不过是糊口罢了。"他们很勤奋，可幸福于他们，遥不可及。

现代人的生活相比以前，物质条件变得更优越，人们却普遍陷入无尽的焦虑与迷茫中。焦虑已经不只是一个人的主观体验，它仿佛成为时下人们的共同体验。生活不易，充满苦楚，成为很大一部分人的心态旋律。

因此，在这样的共同体心态下，我们有必要仔细阅读阿德勒的心理学思想，从这个拥抱大众的心理学说中探索幸福的真谛，学会在充满挑战与机遇的时代里，简单而幸福地活着。

阿德勒心理学，并不是一门仅仅属于专家的被研究学科，而是属于所有人的生命艺术。它立足人间生存困境，给出幸福之道，教会我们如何找到内心的富足与和谐。

阿德勒在他的著作中不止一次提到人类的生存困境：

很久以来，我一直以为，生活中的所有问题都能归为三类。一类是与社会生活有关的问题，一类是与工作有关的问题，一类是与爱有关的问题……这些问题总是横亘在我们面前，让我们身不由己，烦恼不已。

任何人，只要活着，就要直面这三大生存困境。

在我看来，阿德勒所说的幸福的真谛是此时此刻能够感受到幸福。幸福是一种安住于当下的生活状态，而不是一个长期奋斗的结果、苦尽甘来的果实。如果你把幸福作为目标去努力，就代表你还没有拥有它。是千辛万苦地追求幸福还是幸福地追求，只需要你做出一个决定。当然，这个过程中还需要内心的智慧。

人的心理能量是有限的，用在破坏性行为上的多，用于发现和创造的就少。我们用于和自身、他人争斗的每一点能量都会消耗我们用于发现和创造的能量。活在与自身或过去的战争中，会让我们被内耗纠缠，表现为揪着那些已经发生的故事和与之相关的人不放，为了获得别人的认可而疲惫不堪，因为别人的情绪而折磨自己。

当我们能够掌握更为有效、更为容易的方式处理曾经的矛盾时，我们会重新连接彼此，创造出前所未有的合作，而不是毁掉我们自身。

阿德勒深刻洞察人类社会中普遍存在的自我对话的争斗，并指出这种争斗不仅消耗了我们的能量，还阻碍了我们的成长与发展。我们应当将用于争斗的能量转向合作与创造，通过建立积极的人际关系，共同面对人类生存困境。所有的冲突，唯一的意义是给我们带来更深入或更宏大的整合。

人类具有创造性自我，只要认识到"要从行动中获益，而不是要毁掉自身"这点，我们就可以借助阿德勒心理学找到更为容易、更为有效的处理矛盾的方式。反之，战争不停、痛苦不止。

2022 年，世界人口已经超过 80 亿。2024 年 7 月 11 日联合国发布的报告显示，再过 60 年，世界人口可能会达到 103 亿的巅峰。因此从更宏观的生存困境来看，日益增长的人口与日渐匮乏的地球资源之间的矛盾，是人类共同体所面临的重要课题。

那么，积极且富有创造性地解决人类共同的生存困境的方式是什么？结合对于阿德勒思想的理解，我认为可以总结为：对光辉人性的投入与献身。成为自己生命的创作者，成为生命的艺术家。

物质上的成功无法满足一个人的精神需求，更无法满足我们的精神追求。因此，当下急迫的任务是我们要滋养已萌芽的理智与人性的花蕾。

阿德勒的智慧，能够帮助我们实现这一点——学会如何更好地与这个世界和平相处。

多年来，我已能清晰勾勒出人类人性化生活的图景。他们是这样一群人，能了解、珍视自己的身体，能强身健体，发现自己的美丽与价值；他们真诚、友善地对待自己和他人；他们有勇气冒险，喜欢创新，能展示自身能力，能在环境要求的情况下做出改变；他们有能力接纳新东西和不同的东西，保留有用的部分，丢弃没用的部分；他们能够脚踏实地、深深地去爱，公平、有效地竞争；他们既温柔又刚强，并十分了解二者并不矛盾。

当你拥有了上述所有的特点，你就会成为身体健康、内心敏锐，富有同情心、爱心，有趣、真诚、有创造力、能干、负责的人。

人类的演变正处在酝酿之中，所有致力于变得更完美的人，都将成为通往新时代的桥梁。我们正是转变中的人，向着更理性、更人性的方向积极地转变。

过去很多人苦苦追寻技术发展以及智力开发，而现在我们面临的课题是：发掘人类的价值——道德、伦理和人性的价值。这些价值可以有效地用于人性自身的发展。

当我们实现这一追求的时候，将能够真正欣赏这个最美好的星球，在这个星球之上享受美好人生。

阿德勒被誉为个体心理学之父，但我更认为他的思想是积极心理学的源头，乃至百年后的我在提出幸福心理学体系时，正是借力于阿德勒对人性的积极思考与洞察，方有勇气不断探索人类深邃的心灵。

人生是一场自我实现的旅程，我们每个人都是自己命运的主宰。在幸福心理学的指引下，我们学会了如何以更加开放和包容的心态去拥抱这个世界，如何在爱与被爱的过程中体验生命的温暖与美好。我们不再是孤独的旅者，而是彼此连接、共同前行的伙伴。

所谓高僧只说家常话，阿德勒的思想虽平实易读，却常读常新，每个自觉成长的心灵都需要阿德勒。

人的一生，重在选择，可以活成旅程，活成风景或者活成战斗，愿我们都能在阿德勒的智慧之光下，把有且仅有一次的人生活成独美的旅程，不仅为自己创造幸福，也为这个世界增添更多的温暖与光明。

在向着完满转变的征途上，我们有必要携阿德勒心理学前行。为了更好地传播阿德勒的智慧，我们也在全力筹备创建国内的阿德勒学会。阿德勒的思想不属于我们任何一个人，也不属于任何一个组织，它是全人类的共同精神财富。创建这样一个组织也旨在提供更多线上和线下的学习机会，让一群志同道合的人率先幸福起来，然后去唤醒更多人的心灵，让更多人因阿德勒心理学醒来。

回到此刻，我感觉非常幸福，因为我们即将再次与阿德勒重逢，通过本系列经典好书传播大师的智慧，用心理学服务更广阔的世界。

也邀请你从打开书的此刻，开始幸福。

李文超

全民幸福社创始人，阿德勒研究者，幸福心理学开创者

生存即痛苦

古希腊哲学家柏拉图指出，"无论是哪一种生物，出生都意味着从一开始就是痛苦的"。对古希腊人来说，没有出生才是最幸福的事，第二幸福的事是降生后尽早离开人世。

当然了，这样的观点已经不为现代社会所接受。不过，活的时间越久，经历的痛苦越多，这也是不可否认的。但我们万万不能因此而放弃生命。

话说回来，难道生存带给我们的只有痛苦吗？小鸟在真空中无法飞翔，正是因为有了空气的阻力，鸟儿才能翱翔于天际。同理，我们在人生中经历的许多事情或许苦不堪言，让人痛彻心扉；可正因为"苦"的存在，我们方能度过艰难岁月，坚强地活下去，并以痛苦为垫脚石，感受生存的喜悦。

幸福地活下去的意义

本书以阿德勒心理学为基础，探讨"如何才能幸福地活下去"——这个问题的前提是我们"能够"或者"想要"幸福地生活，然而一些人没有追寻幸福的条件或愿望，甚至有人羞于说出"幸福"这个词。

的确，假如幸福地活下去指的是考上好学校、进入大公司、出人头地，或是拥有令旁人羡慕不已的婚姻，这就是一般意义上的幸福了，那么很多人认为这种幸福与自己无关，提不起任何兴趣。

某一天，几个在网上相识的人聚在一起，试图集体自杀，其中只有一名大学生幸存下来。当被问到为什么会想不开时，大学生回答："今后四十年要重复一成不变的生活，太痛苦了。"他的人生规划大概便是大学毕业后按部就班地工作、结婚之类的。

预见将来的生活能够消除人们对未知的不安，可那种感觉又像读推理小说时先被"剧透"了故事的结局，如果提前知晓今后发生的一切事情，生活将变得索然无味。囿于这样虚无缥缈的想法的人，可能也毫不关心普罗大众眼中的幸福。

超越普通的幸福

我二十五岁那年，母亲因脑梗死卧病在床。彼时，我正在学习哲学，所以当时就做好了自己此生和发财没有缘分的心理准备。尽管如此，我依然希望从事学术研究，当一名大学老师。不可否认，这是我对名誉的追求，抑或是野心。

然而，就在我即将读研的时候，母亲突然病倒了。为了照顾她，我不得不选择休学，感觉自己设想的人生规划不堪一击，化为了泡影。

在病床前，看着母亲半身不遂、意识模糊的样子，我不停地思考："人活着的意义是什么？"如果说只有最后剩下来的东西才有意义，那么金钱和虚名都与幸福无关。假如像母亲一样失去了意识，那么即使拥有身体上的健康，也不一定拥有幸福。

于是我想到，我要追求的是与众不同的真正意义上的幸福——哪怕按照一般的标准，它算不上世人眼中的幸福。与病魔斗争了三个月后，母亲撒手人寰。我复学返校，但我已经不是以前的我了。

从此刻开始幸福

这件事过去十年后，我第一次聆听了关于阿德勒心理学的讲座。讲师奥斯卡·克里斯滕森说："今天听了我的演讲的人，从此刻开始便能够获得幸福。相反，没听的人无论到什么时候都不会幸福。"听闻此言，我无比震惊，同时对他的话产生了反感。我因母亲的病情开始思考幸福是什么，在我看来，幸福绝不是如此简单就能触碰到的。

但是，最终我明白了，阿德勒的理论与老生常谈的心灵鸡汤式的幸福观完全不同。像是"主观意义上的幸福就是，不管遇到什么情况，我们都要保持良好心态""从此刻开始便能够获得幸福"，这种表达方式其实一点儿也不夸张。

对于同一种食物，有人觉得好吃，也有人觉得不好吃，这只不过是口味偏好的差异，不过要说它对人体有益还是有害，那就不是人们的主观判断可以决定的了。相应地，并非任意一种生活方式都能给人带来幸福。

怎样做才能获得幸福呢？问题的答案不像在自动售货机买饮料那样唾手可得，也不存在"什么时候应该做什么"的简易操作指南。但我认为，阿德勒心理学为我们指明了方向，告诉了我们要想获得幸福应该怎样生活。

生老病死

阿德勒指出，人类的一切烦恼皆源于人际关系，只要能从人际关系的烦恼中解脱出来，幸福就会降临到我们身边。

因此，本书围绕人际关系展开了详细的论述，第四章也探讨了如何面对衰老、疾病和死亡。生（出生、生存）、老、病、死是人类无法避免的四种苦难。只有直面人类力所不能及的老、病、死时，我们才会思索幸福的真正价值。

老、病、死绝非仅在人生的最后阶段等待着我们，而是和生如影随形，这对年轻人来说也不例外。

简单的幸福论

阿德勒的《理解生活》中有这样一个故事。一个人第一次听了阿德勒的演讲后问他："你今天讲的内容不是大家都明白的道理（常识）吗？"

阿德勒答道："常识有什么不对的地方吗？"

假如阿德勒所说的内容毫无章法可言，那么这位听众也不会认为他讲的是常识吧？

　　法国著名出版商贝尔纳·格拉塞说过，天才拥有创造全新的自明之理的能力。虽然有些道理此前一直存在，但从未有人察觉到它们，而天才就能发现它们，并用语言将其表达出来。一旦某个道理从人们口中说出来，它就显得理所当然，随后成为常识的一部分。

　　本书提倡的幸福论也属于常识，一点儿也不艰深晦涩。如何才能简单而幸福地活下去？对于这一问题，如果本书能为读者朋友们提供些许启发，我将不胜欣喜。

从此刻　　开始幸福

目 录

第一章

阿德勒心理学基础知识

第二章
获得幸福生活的自我相处方式

第一章

阿德勒心理学基础知识

阿德勒其人其事

有的读者是通过本书第一次接触到的阿德勒心理学,那么我首先简单介绍一下阿德勒是个什么样的人。

阿尔弗雷德·阿德勒(1870—1937),奥地利精神病学家,曾经是弗洛伊德主导的维也纳精神分析协会的核心成员,后来他因学术观点不同而中途退出。阿德勒逐步建立了以下文提到的"目的论""整体论"等为代表的独特的理论体系，并称之为**"个体心理学"**。

时至今日，在欧美地区，阿德勒的大名已与弗洛伊德和荣格并驾齐驱，而在日本却知之者甚少。不过，我举个例子，现在大家耳熟能详的"自卑感"，最早提出这一概念并沿用至今的人正是阿德勒。

我时常思考，如果阿德勒还在世，他会怎么看待这种情况呢？阿德勒曾经说过，将来也许没有人记得他的名字，甚至忘记了阿德勒学派的存在。即便如此也没有关系，因为这意味着我们的思想已经从一门学问变成了所有致力于心理学的人的共同行为。

幼年时代，阿德勒患有佝偻病，无法随意活动身体。体弱多病，加上弟弟早夭等一系列打击，他从很早就开始关注死亡的问题，并下定决心当一位医生。

阿德勒是他整个犹太家庭的希望。1912 年，他向维也纳大学申请了零薪酬讲师一职（审核耗时日久，两年半后，维也纳大学拒绝了他的申请）。阿德勒想当医生，但并不是为了赚大钱或博取名声，而是为了改变这个世界，拯救人类。

阿德勒之所以产生这样的想法，是因为他早年间关注社会主义。大学毕业两年后，阿德勒与在政治集会上相识的罗莎结为伉俪。

与专注于学术研究的弗洛伊德不同，阿德勒学医的目的不是研究，而是治病，最初他作为内科医生，开了一家私人诊所并小有名气。弗洛伊德邀请他参加自己主导的研究会时，对此也有所耳闻。

阿德勒从不向贫穷的病人收取昂贵的诊疗费用，而且对待患者态度和蔼，言谈举止从不摆架子。他每天忙个不停，从早到晚接诊、学习，晚上下班后喝杯咖啡，又和朋友们热烈讨论到深夜。

我总是觉得，阿德勒的生活方式与在雅典街头同青年们对话的苏格拉底有几分相似。

总之，阿德勒的一切工作的基础始终都是那些普普通通的民众，而不是大学里的学术专家。与苏格拉底相同，阿德勒也不喜欢使用专业术语，他力求用谁都能听得懂的语言来描述心理学。他曾说过："我的心理学是所有人的心理学，不仅仅属于专家。"

1914 年，第一次世界大战爆发，时年四十四岁的阿德勒虽然免于兵役，但还是作为军医参战。他经历过战场上的残酷现实，却萌发了"共同体感觉"的思想——不把他人看作是敌人，在必要情况下，他人还会是准备帮助自己的伙伴。

阿德勒最初希望政治改革能够逐步改造社会，然而他最终看清了政治的局限性。阿德勒认为可以通过育儿和教育，而非政治，实现个人乃至全人类的进步。

一战结束后，维也纳百废待兴，青少年的不良行为和犯罪成为严重的社会问题。基于上述想法，阿德勒奔走呼号，推动维也纳设立了儿童咨询指导所——这个机构不仅是孩子和家长的治疗场所，还灵活地承担了培养教师、心理咨询师、医生等专业人员的任务，并在公开场合开展心理咨询指导。阿德勒对教师这一职业寄予了很大的期望，可以说育儿和教育是阿德勒心理学的核心。

随着纳粹势力的扩张，阿德勒担心自己身为犹太人遭到迫害，于是将活动的据点从欧洲转移到美国。在这一方新天地中，阿德勒不知疲倦地四处演讲，陆续出版了一系列著作，获得了众多好评。他说："孩子们必须双手并排放在膝盖上，安静地坐着，一动也不能动——这样的学校已经不存在了。"阿德勒很期待自己的理想能够成为现实，他还到欧洲各国进行巡回演讲，最后因突发心肌梗死在苏格兰阿伯丁逝世，享年六十七岁。

虽然阿德勒本人在希特勒发动第二次世界大战之前就已去世，但许多阿德勒学派的成员还是被送进了集中营，从这个意义上说，阿德勒心理学曾经一度在奥斯维辛化为灰烬。

心理学家鲁道夫·德雷克斯曾师从阿德勒，后来移居美国。二战后，他以芝加哥为中心，致力于阿德勒心理学的普及。如今，阿德勒心理学在世界各地都被广泛运用。

有人评价阿德勒的思想领先于时代一个世纪。然而，距阿德勒作古之后又过去了一百多年的今天，看起来仍然没有追赶上他的步伐，因为人类仍未在现实中见到阿德勒构想的世界。

为了便于理解阿德勒对幸福的看法，我们先简单了解以下四个方面的基础知识。

人际关系论

人类无法独自生存，我们都生活在人群之中。假如人类能独自生存，我们就不需要语言，也不需要用逻辑来梳理并表达自己的想法了。

我们的一言一行并非是在没有任何人的真空环境中进行的，所以我们要在与言行举止所关涉的对象人物的相互关系中解读话语和行为的意义，这就是阿德勒心理学的显著特征。

当然了，别人不会按照我们的意愿行事，却常常会做与我们的想法背道而驰的事情。此时，我们就会再也无法保持平和的心态，烦躁不已，伤透脑筋。因此，阿德勒在《生活的科学》中指出，**人类的一切烦恼皆源于人际关系**。

在思考关于幸福的问题时，人际关系方面的探讨是必不可少的（参考第三章）。

整体论

阿德勒将他开创的独特理论称为"个体心理学"，德语是"Individualpsychologie"，其中"individual"意为"个人的"，源自拉丁语"individuum"，意为"无法分割"。个体心理学的研究对象是不可分割的、作为一个统一整体的个人，所以阿德勒**反对二元论**，包括把人类区分为精神与肉体、感性与理性、意识和潜意识等所有形式的二元论。

举个例子，你心里有两个相反的念头，呈现出矛盾的状态，一个告诉你不能吃东西，而另一个说可以吃。阿德勒认为这样的描述是不对的。

再比如，一个平时非常冷静的人严厉训斥了孩子或打伤了别人，"他是因为一时冲动才发脾气的"，阿德勒并不认同这种说法。在阿德勒看来，某人作为一个整体选择了某种行为，那么他就要为自己的选择负责，不能以"内心的矛盾"或"感情用事"为理由，淡化自己的责任。

目的论

通常认为，人们之所以做某件事情，背后一定有其原因，但阿德勒的观点正好相反。他指出，不可分割的、作为整体的个人设定某种目标，并为了实现这一目的而做出某种举动。例如，人们不是因为愤怒而大喊大叫，而是**为了大声喊叫而发怒**；人们不是因为不安而不敢出门，而是**为了不出门而自我制造不安的情绪**。

人们先明确一个目的，做某事或不做某事，然后再考虑实现目的的手段。也就是说，人们并没有受到愤怒情绪的鼓动和控制，而是为了让别人注意听自己说话，他们使用了发火的方式。为了博取他人的同情，人们还创造出悲伤的情感。

有时候，人们会为了已有的目的寻找理由，以便让自己的行为显得合理。一个人不想去上学或上班，他就要找出一个令自己和周围的人都认可的"不去"的理由，比如昨天晚上熬夜到很晚、失眠睡不着等，而人有时确实也会出现肚子疼、头痛等症状。

如果孩子表示身体不舒服，那么家长就不能无视这些症状，强迫孩子去上学。此时，家长应联系学校，给孩子请假。听到今天不用去学校，孩子心情愉快，症状马上就消失了。这并非是孩子在撒谎，实际上他的确有可能头痛或腹痛，但随后症状就变得无关紧要了。

成年人的情况比小孩子稍微复杂一些，不过基本上大同小异，下文将逐步展示实际案例。这里请大家按照孩子的例子来理解就可以了：孩子首先确定"不去上学"的目标，然后使其成为可能，即为了让家长同意，制造出必要的症状。

不管面对任何事情，**人们都是先产生"不想做"的念头，随后再为其找理由**。如果你对阿德勒学派的心理咨询师说"我做不到某事"，或许他会问你："是你不想做吧？"

获得简单而幸福的生活的关键在于转换视角，要从人们迄今为止从未想过的角度出发。这意味着人们要跳出原因论的思维框架，**根据目的论来思考**。但是人们已经习惯于依靠原因论看待事物，要想掌握分析目的的能力，必须经过一定的训练。

本书提供两种最基本的思维方式。

第一，我们的行为不是在愤怒、不安等情感的推波助澜下进行的，因此不存在"对自己的情感束手无策"的情况。

除了感情以外，面对外力的强迫，我们也不会完全坐以待毙，因为**所有的事情都是由我们自身决定的**。若有的人偏偏认为自己什么也做不了，他们正是出于某种目的才这样想的。

第二，我们现在的不幸，其根源不在于过去。若向过去寻找现在不幸的原因，那么今后我们也无法获得幸福，因为我们不可能乘坐时光飞船回到从前。过往木已成舟，但**未来的目标一定是可以改变的**。

不过改变目标的前提是具备改变自我的决心。没有人希望自己是不幸的，可是有的人觉得尽管现在过得算不上幸福，但是照这样下去也挺好。"不能再如此日复一日了""我要改变现在的自己"，下定这样的决心需要相当的勇气。

一旦打定主意，下一步就是要知道如何改变，这便是后续的目标。每一个行为都旨在改变自我，而这些行为的终极目的就是获得幸福。

需要注意的是，选择实现幸福的方法时，我们也会出现失误。获得幸福究竟是怎么一回事，为此我们应该如何做，下文将继续探讨。

生活风格

我们并非独自一人活在这个世界上，所以不得不面对以人际关系为主要内容的课题（阿德勒称之为"人生课题"），我们没有办法对其置之不理。

有人认为这个世界很危险，他人很可怕，假如不加以防范，自己或许会落入他人的陷阱。用阿德勒的话说，这是把他人当作"敌人"；反之，有人觉得他人是会在必要情况下有意愿帮助自己的"伙伴"。像这样，不同人眼中的人生和世界截然不同，人生课题的解决方式也随之大相径庭。

一个人如何看待自己与他人，或用阿德勒的话说，一个人给自己和他人赋予什么样的意义，以及如何努力解决或回避自己需要直面的问题，我们通常用"性格"这个词来描述。"性格"容易让人联想到"与生俱来"和"本性难移"，阿德勒却不这样认为，为了强调这一点，他使用了"生活风格"的概念。

在阿德勒看来，生活风格是**由自己选择**的，这是阿德勒心理学的基础。他指出，一个人的生活风格在两岁时开始确立，最迟到五岁就会定型。不过现代阿德勒心理学的观点认为，生活风格会在十岁左右定型。

暂且不论选定生活风格的具体时间，如果我们长年累月根据自己的生活风格看待自我和世界，那么我们很有可能都不知道世上竟然还有除此之外的生活风格。然而，即便最初的选择是潜意识的产物，那也是我们自己做出的决定，因此从现在开始重新选择也为时不晚。

上文提到，有人甘于忍受不幸的现状，这是因为他们已经下定决心不去改变自身的生活风格。哪怕多么不方便、多么不自由，他们仍然觉得多少年来习以为常的生活风格还算不错。因此，扭转这种不情愿改变的固执心态并非一件容易的事，只要不是走投无路，按照目前的生活风格再也活不下去了，他们就几乎不会主动求变。尽管如此，生活风格终究是由自己而非外部因素决定的，现在转变观念还是来得及补救的。

为什么要改变生活风格

有人觉得看待自我和世界的方式因人而异，但当他探寻幸福之路的时候，是无法随意改变自己的生活风格的。因为如前所述，渴望幸福的人们在选择实现的手段时会出现失误。

我们不应把自己的不幸归因于生活风格，因为生活风格是由我们自己选择的。我在此把阿德勒关于幸福的论述与生活风格联系起来，简单地总结如下：人生并不复杂，是我们自己把它复杂化了，使幸福地生活变成了一件困难的事；如果我们改变关于人生的"定义"（生活风格），世界就会变得令人难以置信的简单。

"世界竟如此简单"语出莉迪亚·吉哈，她曾在维也纳与阿德勒共事（我对下面这则轶事印象深刻，在拙作《甘于平凡的勇气》中也曾引用）。吉哈从星期六开始，花了三天时间阅读阿德勒的著作《神经症性格》。

"虽然天气酷热难耐，但我很庆幸能一个人独处。我将阿德勒的书从头到尾读了三遍。星期二早上，我从椅子上站起来的时候，世界变得不同了……阿德勒让我明白，世界竟如此简单。"

"定义"意味着我们如何看待人生、看待世界、看待自己。对于一段相同的经历，不同的人可能赋予其不同的意义。有人从中只看到了苦难，也有人从苦难中学到了许多宝贵经验；有人认为周围的人全都不怀好意，也有人觉得自己被身边的人守护着。

总之，定义的方式五花八门，一人一个样。有人把幸福的问题与此关联起来，认为获得幸福的"关键在于心态"，但这是不对的。阿德勒并不认为痛苦的人生可以凭借转变心态变得轻松快乐。若凭心态即可获得幸福，那么幸福就与现实无关，你主观上感到幸福那你便是幸福的，仅仅因为别人认定你是幸福的，你也有可能觉得幸福。然而，食物的味道包含酸甜苦辣，即便每个人的味觉感知方式不同，口感也不会有太大差别，但说到某种食物对身体有益还是有害，那就不是主观上能够决定的了。幸福亦是如此，别人认为你幸福是毫无意义的，人生的意义在于自己收获的实际的幸福。

假如你对世界和自我的定义发生改变，那么你与

世界的相处方式和自身行为也一定会发生变化。如何通过改变定义来收获幸福，改变定义会给你与世界和他人的关系带来怎样的变化，下文将继续讨论。

生活风格为人生赋予意义。若真如阿德勒所说，我们四五岁时就形成了生活风格，那么一定会有人提出疑问："年纪这么小，我们的语言表达能力尚未充分发展，就算当时选定了生活风格，也不用为自己的选择负责吧？"

但阿德勒说过，如果你"现在"已经了解了自己的生活风格，那么对于"此后"如何做，你自己就要负责任。他在《优越感与社会兴趣》中写道："能否成功地劝导一个人为纠正（生活风格的）错误而合作，以及他能否下定决心这样做，全都由他自己来决定。"

这句话正是我们迈向幸福之路的指示牌。

第二章

获得幸福生活的
自我相处方式

幸福与生活风格

前文提到，人们有可能在追求幸福的手段时会有误判。那么我们首先思考一下追求幸福与生活风格之间的关系：二者并非毫不相干，一旦生活风格出现错误，把什么看作幸福——准确来说，是把什么看作有可能获得幸福的手段——也会随之偏离正轨。

因此，生活风格也可以解释为，我们倾向于在面临选择时如何应对、如何判断利弊的处事方式。在其影响下，即便自己需要应对的环境和对象发生改变，人们也相信一贯坚持的做法对自己最有利，和往常一样的选择能够带来幸福。

自己所处的环境其实就是人际关系。那么，置身于人际关系之中，如何待人接物，人们会形成自己的行为模式，我把它叫作生活风格。

本章基于幸福与生活风格的关系，从生活风格的角度出发，探讨怎样做才能幸福地活下去。

你喜欢自己吗

当心理咨询师询问"你喜欢自己吗"的时候，所有患者无一例外地回答"我讨厌自己"。

举个例子，假如你不喜欢现在用的手机，你可以换一个更新潮、更高性能的机型。但你不喜欢自己的话，你却无法把自己也替换掉。从今往后，到死为止，你不得不一直和这样的自己打交道。也就是说，你若认为"讨厌现在的自己"且"无法像换手机一样换一个不同的自己"是阻碍幸福的绊脚石，那么你永远也得不到幸福。

阿德勒说过："重要的不是我们被给予了什么，而是我们**如何利用被给予的东西。**"这并不意味着我们"即使讨厌现在的自己，也必须继续忍受"，而是说："我们如果不能改变如今的自己，那就给自己赋予不同于以往的意义，使自己焕然一新。"这是一种能够让我们喜欢上自己的方法。

不过必须说明一点，所谓"无法喜欢上自己"，其实是因为"**自己已经决定不去喜欢自己**"，而非"我有这样那样的缺点，所以做不到喜欢自己"。

试想一下你喜欢或讨厌其他人，你就能明白上述道理。如何看待某个人是由你自己决定的，假如你讨厌他，你就能轻而易举地列出种种理由。比如面对同一个人，你之前觉得他很温和，从不咄咄逼人，但现在厌烦他的优柔寡断；你一直很欣赏他的严谨认真、一丝不苟，但后来认为他在细节问题上纠缠不休、唠唠叨叨；你之前喜欢他的大大咧咧，但越来越觉得他脑子缺根筋。

某个人现在看上去和当初不一样了，实际上是因为你已经决定从另外的角度观察他，他本人并没有改变，改变的是你看待他的眼光。而改变看法的背后往往隐藏着特定的目的，你不会在某一天突然无缘无故地认为他不再是以前那个他了，你的真实意图在于**结束和他的关系**。对于一个你一直很喜欢的人，你不想承认自己一转眼就不喜欢他了；可假如你觉得对方发生了变化，你便能理所当然地下定决心和他一刀两断。

这个道理同样适用于自己。你一开始就决定不去喜欢自己，因此，你根本发现不了自己的优点，看自己浑身都是缺点；或者说为了不喜欢自己，你无视自身的长处，反而专挑自己的毛病。

那么为什么一个人会打定主意不去喜欢自己呢？

以如何看待他人为例，我们就很容易理解了，说得直白一点儿，就是因为**想要断绝人际交往**。

哪怕你希望和某人建立良好的关系，你也有可能遭到对方厌烦。你心想"与其这样，还不如最初就不要产生联系"，于是找出自身各种各样的缺点，"我这里不好，没有一个人会认可我吧？""我那里不好，怎能向喜欢的人袒露心迹？"得不到他人的认可或喜欢是一件痛苦的事，你感觉自己是不幸的，但其实**是你自己选择了不幸**。

如前所述，生活风格是在人际关系中如何待人处事的行为模式。即便你讨厌现在的自己，突然改变生活风格也会令你感到恐惧。因为你一旦决定对其进行更改，试图做出不同于往常的举动，那么对于下一个瞬间会发生什么，你将一无所知，所以就算不方便、不自由，你也要固守自己长久以来的生活风格。

当你暗恋某人却觉得对方对你视而不见时，你觉得他在躲避你。实际上，你不是因为他躲开你而放弃向他表明心意，而是为了不去发展两人的关系而主观认为他是在躲着你，你为自己通往幸福的道路上平添了路障。

竭力回避与他人交往的人坚信"我不能喜欢自己"，所以对他们来说，扭转观念、获得幸福绝非易事。譬如你现在背对着别人，若不完全转过身来，那么即使把你的缺点都变成优点也无法让别人充分了解你。**只有彻底打破不与他人产生联系的执念，才能学会积极地、正面地看待当下的自我。**

如何喜欢上自己

综上所述，不喜欢自己的人是无法获得幸福的。那么要想推翻"不去喜欢自己"的决定，我们要怎样做才好呢？

第一点已经在上一章介绍过，**我们必须懂得生活风格是由自己选择的。**既然是自己的决定，自己当然可以更改。上文提到，人们不是因自身存在缺点或短处而无法喜欢上自己，而是因下定决心不去喜欢自己而对自身吹毛求疵。若果真如此，那化解掉心中的执念就行了，这并不是一件困难的事。

第二点，**我们必须明白，除了自己迄今为止贯彻的生活风格以外，还存在其他不同类型的生活风格。**我们不能含糊其词地说讨厌某一种生活风格，而是要坚信："现在有另一种生活风格，它和我的选择不同，但如果换一下，哪怕刚开始不习惯，我也能简单而幸福地活下去。"这样一来，生活风格就不会一成不变。

检验自己的两个标准

我们大致可以用两个标准来检验自己，首先是学习能力如何。当今时代要求我们重视学习，就算是小孩子，家长也逼迫他们从小开始为了应试而努力学习，所以学习能力是我们不得不关注的部分。

对学龄前儿童来说，只要小学没有入学考试，他们的生活就与这个标准无关，他们可以享受一段"和平"的岁月。但对已从学习中解脱出来的成年人来说，他们也并非与这个标准无关，因为他们上班后也会参加必要的考试，转而使用能否胜任工作这一标准来检验自己。

另一个标准是朋友的多寡，或者说能否轻松地交到朋友。假如一个人在社交场合游刃有余、朋友遍天下，人们就会认为他阳光开朗。"开朗"的反面是"阴郁"，人们通常赞赏前者。

在上述两个标准中，似乎我们只要对任意一个有自信就挺好，但情况并没有那么简单。

比如，你认为自己朋友不算多，一点儿也不开朗，好在学习能力强，这就足够了。但是某一天，学校的课程难度陡然提升，你蓦地发现自己不只在交友方面，甚至在学习方面都比不过别人，这时该多么痛苦啊。

相反，你觉得自己学习不太好，不过你拥有许多朋友。但你想过朋友可能会离你而去吗？下一章将提到，与朋友维持交往需要我们付出相应的努力，仅凭人格魅力无法让朋友一直聚集在你的身边。

检视迄今为止的自己

虽说要改变生活风格，可实际上，一个一直以来拘谨寡言的人不可能一夜之间变得花言巧语、八面玲珑。

然而，即便一个人起初认为自己的人生基调是阴郁的，他也有可能改变对于自身的看法。上小学的时候，周围有人对我恶语相向，我经常产生自我厌恶之情。但某一天我忽然意识到，最起码我本人从来没有一次故意说出伤害别人的话语。这是因为我讨厌自己，我很清楚什么样的话语能让别人也自我厌恶。

我注意到，身边的一些所谓"阳光开朗"的人会理直气壮地出口伤人，可我却总是照顾别人的心情，在意对方如何理解我说的话。这样看来，我并非"阴郁"，反而称得上"善良"吧？说自己善良这件事需要勇气，但在进行心理咨询时，我时常向曾经像我一样的年轻人们讲述这个故事。我想，你一定会喜欢上善良的自己吧？

当然了，我不是说一个人必须"开朗"，可如果对"阴郁"持否定态度，那么感觉自己阴郁的人就无法喜欢上自己，也不可能从另外的角度重新审视所谓的"阴郁"。

我常常思考，若是连我本人都讨厌自己，别人又怎会喜欢我呢？不过话说回来，即使我喜欢自己，别人也不一定喜欢我；但相对而言，至少在这种情况下，别人喜欢我的可能性会大大提高。只有先爱自己，并努力建立、发展与他人的关系，生活才能多姿多彩。

不要在意他人的评价

一个人就算讨厌自己，但在被别人当面批评自己的缺点时，他也会感到不愉快、不耐烦。许多人很在意别人对自己的评价，但是，欣喜于他人的夸奖，悲伤愤慨于他人的指责，这是非常可笑的。**一个人的价值并不依赖于他人的评价**。一个人不会因为别人说他是坏人，他就变成了坏人；反之，他也不会因别人说他是好人，他就真能变好。

在意他人的评价意味着**试图维持自己的形象**，这种做法恰恰等同于在生活中对自己想做的事情置之不理，反而一味地迎合他人的期望，并且不只是为了某个人，而是为了满足多数人的期待，毫无疑问，我们的生活将变得异常艰辛，不得不一天到晚看着别人的脸色活着。

不仅如此，我们即使付出了种种努力，最终也得不到别人的完全信任。因为我们在意他人对自己的看法，一个劲儿地迎合别人，他们很可能发现我们同时也对与其意见相左的人或相互敌视的人表达了忠诚。

做最真实的自己

更为重要的是，不要费尽心思把自己包装得比实际上光鲜亮丽。就算你不这样做，也会有人接受你现在最真实的样子。而在意他人评价的人却不相信这一点，还会认定都是身边的人有问题，认为"他们都没有正确评价我。"

努力成为一个与现在的自己不一样的人，这是关键且必要的。然而，假如这种努力的目的仍然是因在意他人的评价而曲意逢迎，那么不管变成什么样子，自己都将不再是真正的自己。

西方的哲言有云："**倘若你都不为你自己活出自己的人生，那究竟还有谁会为你而活呢？**"我们是自己人生的主人公，而不是其他人的配角。换句话说，一个努力使自己符合外界评价的人根本没有自己的人生。

为自己照亮另一束光

或许有不少人从小到大都没有被父母夸奖过吧？这是因为与优点相比，别人更容易着眼于我们的短处、缺陷或问题行为。一些家长来找我咨询关于孩子的事情，一讲起孩子的缺点，他们就滔滔不绝，可当我询问孩子有什么优点时，他们却戛然而止、哑口无言。在这样的父母的养育下，孩子也逐渐学会罗列出一大堆自己的毛病，很难再想起自身还有什么闪光点。就算没有父母的影响，大众观念也不支持在他人面前说出自身优点的行为。

曾经有一天，我的朋友说："我很聪明，口才也不错。"听了他的话，我大吃一惊，我们竟然可以如此淡定地表明自己的长处啊！哪怕有人指责你，你觉得你自己很好就行了；哪怕别人认为你不应该凸显自己的优点，你也无须放在心上。

正如上文所述，我们是善良的，而非阴郁的。我们不是没有恒心，而是行事果断。翻开一本书读一读，如果觉得它对于现在的你没有用，那就不看了，做不到这一点，就会浪费时间。因此，就算身边的人说你浅尝辄止、半途而废，你相信自己是雷厉风行即可。此外，认为自己胆小的人其实是慎重，认为自己注意力不集中的人其实是思维活跃，也就是说，我们可以换一个角度看待自己。

我上高中时，母亲担心我没什么朋友，就去找我的班主任聊了这件事，班主任说："在他看来朋友不是必需品。"这让母亲颇为放心。从她那里得知此事后，我也非常惊讶，原来我的想法没有问题呀。对于我没有朋友的事，班主任为我照亮了另一束光。

我曾经因身材矮小而感到苦恼，去找朋友倾诉，却被对方付之一笑。假如当时朋友说一句"你真是不容易啊"之类的话，我应该会接着吐槽一直以来因身高问题遭遇了多少烦心事吧。然而朋友的回答却不是这样的，我一度认为他不理解我，但仔细想想，外表丝毫不会降低我们作为一个人的价值。于是我明白了，由于过度关注身高问题，我总是在回避与他人的交往。

朋友轻描淡写地把我的倾诉堵了回去，但同时他告诉我"你能让别人感到放松"。当然了，这也仅仅是就外表而论，不过我的确觉得自己很少给别人带来压迫感。他的话让我意识到我并非一无是处，更加不可思议的是，在我学会用不同的目光看待自己后，身高的烦恼渐渐地从我的脑海中消失了。

如上文所述，人们否定自我是为了避免与他人建立积极的人际关系。我们只有为自己照亮另一束光，懂得自身存在价值，才能勇于面对人际关系。

不必接受"属性赋予"

话说回来，起初家长并不会只告诉孩子他们的缺点或短处。我小的时候，祖父经常对我说"你是个聪明的孩子"。这一类的话虽然不会让人产生厌恶自己的情绪，但带来了另一个问题。比如家长给孩子定性，"你是个某某类型的孩子"——精神病学家莱恩称之为"属性赋予"——实际上这将成为一种"命令"。当家长说出"你是个好孩子"时，这句话就是在命令"你必须做个好孩子"。

对于家长的事实上的命令，有的孩子完全没有意识到这一点，乖乖地遵从；有的孩子却"抗命不遵"，认为没有必要满足家长的期待。对我来说，我无法承担祖父赋予我的"聪明"的属性。在我上小学之前，祖父就经常对我说"你要考上京都大学"。当然，那时的我并不明白其中的含义，但当我拿到小学阶段的第一张成绩单后，发现数学只考了 3 分，我知道照这样下去我不可能考上京都大学。我曾坚信"我不是学习那块料"，为此我耗费了相当长的时间，才从这种念头中解脱出来。

我们**不必接受来自父母等其他人的属性赋予**。不管别人说什么，我就是这样的人，我不是为了满足他人的期望而活着的。设想一种情景，你的父母反对你和恋人结婚。他们没有意料到你想和这样一个人结为夫妻，因为他们对你抱有期待，"我家孩子应该如何如何"，换言之，父母试图把自己期望中的属性强加到孩子身上。我认为，在这种情况下，你没有必要满足父母的期待，拒绝他们想要赋予你的属性也没有关系。或许父母会为此唉声叹气、伤心不已，但**这种情绪必须由他们自己想办法处理**，孩子无能为力。

不过也有人为了不让父母伤心，选择听他们的话，断了与父母不认可的恋人结婚的念头，因为他们希望接受"乖孩子"的属性赋予，不管父母说什么，他们都会照办。可就算遵从父母的意见，放弃自己追寻的姻缘，与父母推荐的人结婚，他们将来也很有可能会后悔。尽管如此，他们依然决定这样做，因为他们有自己的目的——他们不愿承担自己决定的事情所带来的责任。假如听从父母，那么他们在今后的人生中遭遇挫折时，就可以**把责任转嫁给父母**。

当然了，如果你希望自由地生活，不受父母等其他人的束缚，那么或许你将遭到别人的厌恶，与别人产生大大小小的矛盾。但是，**被别人厌恶是为了自由生活所必须付出的代价**。反过来说，倘若某个人讨厌你，那更加证明了你正在自由自在地活着。

案例一则

一名女大学生患有暴食症，她告诉我，只要一想起几年前有十天没能去上课的事，就至今都仍然痛彻心扉。

刚开始我很惊讶，为何她对此事耿耿于怀。随后我了解到，她的母亲为人严苛，在她不去学校的时候也不允许她白天待在家里。无奈之下，她只好出门，可又去不了学校，她便在附近的公园或咖啡店里打发白天的时光，到了傍晚，再装作什么都没吃的样子回家，这种情况整整持续了十天。

我并不是说请假不上学没有问题，不过此时她应该更加强烈地表达自己的意愿。在我看来，她之所以患上暴食症，是因为她想表明一个态度——其他方面暂且不论，就算你是我妈，你也别想控制我的体重。

暴食症等神经症的症状都有其指向的"对象"，以这名女大学生为例，她的症状的对象就是她母亲，也就是说她希望通过症状引发母亲的某种回应。

我很理解她，但我认为她不必用这种方式折磨自己的身体，直接告诉母亲"我不去"就行了。"做个好孩子"，对于母亲的这种期待或者说命令，她没必要理会。

内在的自我提醒

还是那名女大学生，有一天她把头发染成了大红色。我愣了一下，说："想必你妈妈吓了一跳吧？"

"是的，她说太丑了，让我在家里裹上头巾。"

"那你是怎么做的呢？"

"按照她说的，一直戴着头巾。"

"后来发生了什么？"

"到了第三天，我开始思考为什么我必须这样做，然后就把头巾摘下来了，可我妈什么也没说。"

"不要让父母失望，做个好孩子"，这种声音最初的确是从她母亲那里，即外部传来的，但不知何时变成了她内在的自我提醒。换言之，那个声音变成了"我要听妈妈的话，做个好孩子"，一开始她只是希望达到父母的要求，不知不觉中，她却用"我必须做个好孩子"的规则把自己束缚起来了。

当孩子做出违背家长期望的行为时，或许家长会认为孩子在进行反抗，其实这不是反抗，而是**主张**。小孩子不擅长提出自己的主张，他们只能通过成年人眼中的问题行为或神经症来表达，这往往会把他们置于不利的境地。

来自社会的压力

"你应该如何如何"的命令不仅来自家长，还来自社会或大众。尤其是在年轻人的面前，横亘着来自社会的无声的巨大压力。

某一天，我在乘坐新干线时，旁边座位上的一名青年向我搭话："大人们都要求我去适应社会，可是这么做意味着我会死。我不知如何是好。"

我们不是独自一人活在这个世上，而是生存于社会之中，所以我们不得不接受一定程度上的限制。

希腊神话中的强盗普洛克路斯忒斯会抓住过路的行人，让他们躺在床上，若行人的身高比床短，他就粗暴地拉伸行人的身体；若行人的身高比床长，他就把行人超出床的部分用斧子砍掉。曾经有一段时间，人们认为"个人是为了社会而存在的"，而当今时代，接受这种观点的人少之又少，阿德勒也不赞同强行让个人躺在社会这张床上。

尽管如此，人们依然要求年轻人去适应社会，所以许多人觉得自己是不得已而为之。要想活出我们自己的人生，这种感觉也许是不可避免的，但更关键的是我们要扪心自问，自己现在是否真的因来自社会的无声压力而做不成自己想做的事。

假如有人问我"做自己喜欢的事到底好不好"，我会回答**"我不知道好不好，但这是我的人生"**，因为没有任何一个人是为了满足他人的期待而活着的。

即使别人——哪怕是父母——不断地粗暴干涉我们的人生，我们也可以对他们的行为说"不"。我年轻时教过一名高中生，某一天，他对想要替他决定前途的父亲说："这是我的人生，请让我自己来决定。"

时至今日，我仍然时不时地想起他的话。

保持你本来的样子

结合以上讨论，我们来思考两个问题。

第一个问题，在上文中我希望大家下定决心"做最真实的自己"，但这并不意味着"你可以什么都不做"。归根结底，这句话的意思是你不应由他人的评价掌控自己的喜怒哀乐，不要在意别人的看法，**要从他人对你的印象中挣脱出来。**

无论是父母还是社会，别人或暗地里对你抱有某种印象，或明确地命令你必须符合某种形象，你对其说"不"都是需要勇气的，因为这种印象也可以看作他人对你的期待。只要不去迎合这种印象，你就能够获得自由。

此外，我们也不必在意他人的目光，不必把自己装扮得好于实际，向外界展示真实的自己的确需要勇气。但实际上，当你慢慢地不再介意别人如何看待你，**觉得做真实的自己挺好的时候，你就已经完成了蜕变**。甚至可以说，即使暂停了改变自我的努力，你也不再是以前的你了。

再仔细想想，或许他人并未对你有什么期待。有的人很讨厌自己过斑马线时被车里的人盯着看。车里的人确实会看过马路的行人，但他们并非死死地盯着，而且绿灯亮起、车辆行驶过路口时，他们大概已经忘了刚才的行人。当然了，日常的人际关系不会这么极端，不过"所有人都对我有所期待"仅仅是一种先入为主的想法。

基于上述原因，我们不必在意他人目光，也不必为之修饰自己。无论是在学习中还是在工作中，到底有没有学到本领才是最重要的，别人对你的看法无伤大雅。假如别人先给你贴上了学习好、工作能力强等标签，要想符合这种形象，你就会很辛苦。有的人害怕因考不好而遭人非议，为了拿出成果而不择手段；

相反，还有人为了避免被别人评价，干脆不去考试。这些做法都无聊至极。

可以维持现状吗

第二个问题，虽说个人不是为了社会而存在，没必要去适应社会，但用阿德勒的话来说，人只有在社会或人际关系的语境中才能成为"个人"，所以我们从一开始就无法在脱离与他人关联的情况下生存。

假如我们是一个人在生存，那么无论是生活风格还是语言就都没有必要了。要想把自己的想法或情感传达给别人，让别人知道自己希望他们做什么或不做什么，语言是不可或缺的。生活风格也并非与生俱来、一成不变，我们面对不同的人时会产生微妙的变化，在某些情况下甚至判若两人。

本章讨论了追求幸福生活时的自我相处方式，以及通常被称作"性格"的生活风格。可既然生活风格在人际关系之中会不断变化，我们就不能把目光仅仅局限于人的内心世界。

不为外界的评价所左右是获得幸福的必要条件，不过姑且不论别人如何评价你，你自己是什么状态、要做什么样的事，也都是在与他人的关联之中决定的。因此，与上文的讨论稍有不同，从这个意义上说，维持现状不变也未必是件好事。

归属感是基本需求

我们最基本的心理需求是归属感，它是一种认为自己属于社会、职场、学校、家庭等某一共同体的感觉，一种觉得"我在这里很好"的情感。**获取归属感是人类行为的目的所在**。因此，有人为了继续留在共同体内，会尽量避免让自己太显眼，哪怕他认为别人说的话有点儿荒谬，他也会保持沉默；也有人会在自己希望加入的共同体中做出一些问题行为，故意引起别人的关注，试图通过这种方式找到归属感。

在阿德勒看来，人们不是仅仅留在某个共同体中就可以产生归属感的，必须积极地参与其中。那么，要想获得足够的归属感，我们应该怎么做呢？这个问题与上文探讨的另一个问题密切相关，即我们怎样才能喜欢上自己。

重新审视自我

阿德勒说过："我只有在感到自己有价值时，才能鼓起勇气。"这里的"勇气"指的是直面人际关系的勇气。

与之相对，讨厌自己的人为了回避人际关系，则会认定自己没有价值，所以他们拒绝喜欢上自己。因此，我们需要从两方面着手解决这个问题：鼓励人们认为自己有价值，同时促使他们积极面对人际关系。倘若只命令他们"勇敢一点儿"，他们就会很难接受这种精神层面的鞭策。

如上文所述，保持你现在的样子意味着停止过度修饰自己和迎合他人期待。能做到这一点，你就已经发生了巨大的改变。不迎合他人——不强求自己才是最真实的你，明白这个道理后，下一步就要踏上新的旅程了。保持本真的自我**并非终点，而是起点**。

通过对他人的贡献获取自我价值

刚才我建议大家把自己的短处看作长处，以此来喜欢上自己。这并不是要大家改变自己，而是为自己照亮另一束光。我还想为大家介绍一种更加积极的方法：请思考一下，你会在什么时候感觉很喜欢自己？是不是你**对他人有所帮助之时**呢？

反之，如果你认为自己帮不上任何人的忙，甚至会成为别人的累赘，只要自己消失了，别人就能其乐融融地生活，那么你一定无法喜欢上自己。

因此，不管通过何种方式，我都想做一些对别人有所帮助的事情。如果知道自己以某种形式为他人做出了贡献，我们就会认为自己有价值，就能够逐渐喜欢上自己。

同样，上文提到的归属感不仅仅是由我们所属的共同体或周围的人给予我们的，在更大程度上，我们是通过对他人的贡献来获得"我在这里很好"的感受。

一说到付出或贡献，有的人就觉得与其为别人着想，不如多考虑考虑自己。我并非倡导自我牺牲，不过的确有人——尽管算不上自我牺牲——过度地迎合社会，把别人优先于自己。

在我看来，付出或贡献不是让我们牺牲自己或先人后己，帮助他人**对我们自身而言是一种喜悦**，把为他人做贡献理解为牺牲自己的人应该从来没有过对他人伸出援助之手的经历吧？

以一件很平常的事情为例。晚饭后，全家人坐在沙发上看电视，放松地享受休闲时光，你自己一个人在厨房刷碗，这时你会产生怎样的感受呢？其实，我所说的"贡献"没有多么宏大，只不过是此类日常生活中的小事，远远谈不上"奉献"或者"义务"。因为这些事情既不是我们被迫去做的，也不是说我们明明有其他想做的事情，却要压抑内心的想法，转而去为他人做贡献，它是我们自发的行为，并且我们不期待自己的行为能获得某种回报。

别人在休息时，自己却在因家务活而忙碌，的确有人对类似的事情感到痛苦、不满，或认为不公平。这样的人总是觉得只有自己吃亏，所以他的想法会反映到说话态度上，这样一来，即使他要求别人去做某事，也不会有谁搭理他。

但换个角度想一想，吃完饭后自己收拾、洗刷，不正是为家人提供了轻松一刻吗？如果能感到自己为家人做了贡献，我们还会不喜欢这样的自己吗？"只有对家人有所帮助，才值得开心"，抱着这样的想法，轻轻地哼着歌，体会着贡献的滋味，愉快地做家务，看到此情此景，家人们也会来帮忙吧？

贡献意味着自我实现

然而，为什么许多人不这样想呢？我认为，这源于人们从小开始接受的赏罚教育、尤其是**表扬式教育的影响**。换句话说，人们是为了获得表扬或夸奖而去做有益于他人的事情，并不是一种自发的行为。因此，越来越多的人怀着"我已经为你做了那么多了"的想法，寻求相应的回报，期望别人表示感谢，这是多么可笑啊。

获得他人的认可确实值得高兴，人们很想听到别人说出肯定自己的话语，这种心情我能理解。但是，他人的认可不是接受自己、喜欢自己的必要条件。即使你为了得到夸奖或感谢而去做一些事情，别人也有可能不会注意到你的付出——假如引起了别人的注意，你会很开心，反之，你也一点儿办法都没有。你同样无法把别人的一举一动全部收入眼底并加以赞扬，可一旦别人没有留心你的付出，你就很生气，决定再也不帮别人做任何事了，这种逻辑非常荒谬。

对不寻求认可的人来说，自己的行为本身就意味着自我的实现，所以他们不在乎别人是否给予肯定或谢意，哪怕无人肯定或道谢，他们也觉得自己的行为极具价值和意义。

有的人希望自己的行为能得到回报或感谢，有的人就算没有被人认可、没有被人看到自己的付出，也感到无比喜悦。我一直试图让人们明白这一点，但困难重重。许多人难以想象为他人做贡献所带来的喜悦之情，仿佛在数九严寒之中想象盛夏的炎热，在三伏酷暑之中想象隆冬的寒冷。

无论别人关注与否，只要产生了贡献感，我们就会觉得自己有了容身之处，进而喜欢上自己。我们既不是为了让别人说声"谢谢"，也不是有意识地专门去为别人做些什么，我们只不过做了自己想做的事，而这些事恰好对别人有所帮助。即便是自愿做的，只要动了一丝借此获得他人认可的念头，这种行为也只能看作是自我满足罢了。比如你的朋友突发疾病、入院治疗，你急忙赶去看望他，是因为你非常担心他的状况，而不是为了去给他做点儿什么。假如是你住院了，你的朋友说怕你无聊，过来看看，这时你不会感到高兴吧？

答应别人的请求并积极地提供帮助并不是一件容易的事，因为你也不希望影响自己本来的计划。但某一天，当你决定接受别人的请求时，你会意外地发现自己的心情变得很愉快，因为你不求他人有所回报，只是觉得自己是个有益于他人的人，你就会渐渐地喜欢上这样的自己。

不必特意做些什么

在此我想请大家注意两点。第一，虽说我们不需要他人的关注或认可，但这并不意味着我们与他人——更宽泛地来说是与社会——毫无关联或是没有必要产生联系。因为即使不刻意寻求认可，只要我们生活在与他人的关联之中，**我们就已经处于被认可的状态了**。没有一个人是脱离所有人的认可而孤立生存的。

一方面，"没必要获得别人的认可""无须一直受人关注"，这属于"行为"层面的问题；另一方面，"只要生活在与他人的关联之中，哪怕什么都不做，我们也已经得到了认可"，这属于"存在"层面的问题。

第二，对自身来说，我们就算没有做一些特别的事情，也已经为他人做出了贡献。过度强调贡献的重要性会引发另一个问题：无法做出贡献的人该如何自处？或许孩子不明白，但在家长看来，孩子只要在这里就是一种贡献。哪怕他们与家长的理想相去甚远，哪怕他们身上有各种各样的问题，哪怕他们身患疾病，孩子的存在便是贡献。

把孩子换成自己心爱的人应该更好理解。只要他（她）在这里就足够了，我们不是因为他（她）为我们做了些什么才喜欢他（她）的。同理，我们有理由认为"自己没有做什么特别的事，但也已经为他人做出了贡献"。话虽如此，能让自身产生这种想法也是需要勇气的。

关于以上问题，下文在探讨衰老和疾病时将再次涉及。

第三章

获得幸福生活的人际交往方式

如何看待他人

结合上文所述，如果把人看作是一种道具的话，可以说"我"这个道具是独一无二的，是他人所无法替代的，过去、现在、未来都是如此。因此，我们必须做到喜欢自己，否则我们就不会感到幸福。

但是，很多人做不到这一点。他们之所以无法喜欢自己，和其一直逃避人际交往密切相关。因为要做到喜欢自己，我们就需要学会从另一个角度看待自己的一些缺点，找到其中的闪光点，而且也必须学会发掘自身为他人所创造的价值，然后以此让自己产生"我在这里很好"的归属感。这种归属感必须以自己在这里的生存、生活为出发点，通过他人给自己的馈赠，以及自己为他人的付出来获得。

但是，如果我们认为他人很可怕、一有机会就会陷害自己，且到处都是这种可怕的人，我们就不会想去帮助他人，因此也就做不到喜欢自己，归属感就更无从谈起了。

基于此，阿德勒认为人们应该把他人当作"伙伴"，并提出了"共同体感觉"的理论。简单来说就是，人们相互之间都是伙伴（德语"mitmenschen"）关系，人与人是相互联系（德语"mit"）在一起的。

正因为我们把他人当作伙伴，所以才会关心他人，进而考虑为他人付出，或与其合作。谈及此处，话题就进入了如何看待他人、如何与他人相处的维度。

但是，能够认识到他人是不可怕的，他人会在必要的时候向自己伸出援手，他人是自己的同伴、伙伴、朋友，这并不是一件容易的事情。实际情况是，很多人确实能够做到喜欢自己，但是他们还是不相信他人，并害怕与人交往。

当我们与他人交流时，如果自己因为紧张而磕磕巴巴，我们可能觉得对方会嘲笑自己。但是，反过来想一想，当我们在听他人说话时，如果对方说得不好，我们会嘲笑他吗？如果是我，在这种情况下，我不仅不会嘲笑对方，反而想要支持和鼓励对方。

如果你能够想到这一层，那么你在说话的时候，不管是哑口无言还是口若悬河，就都不会产生"他人会因此而看低自己"的错觉。

话虽如此，但只要有过一次被他人伤害的经历，我们就会变得不再信任他人，不会再把他人看成是伙伴。从我自身的经历来看，我读小学的时候，素来温厚的父亲动手打了我，虽然只有这一次，但这件事却深深地刻在了我的脑海中。现在回想起来，我觉得可能是当时我做了一些令父亲难以接受的事情，但是具体是什么事情我已经记不清了。到了今天，对于这件事的发生是幸运的还是不幸的，我也没有什么概念了。

但是此后，我再也没有对父亲产生过亲近的感觉。而我也正因为与父亲关系的疏远，永远都不会忘记这件事。

很多人并不是害怕某一个人，而是不管见了谁都会感到害怕。对这样的人来说，他们不会想去接近他人，也不会尝试做一些对他人有所帮助的事情。在这种情况下，其他人是不是真的可怕并不重要，这些人为了逃避与他人相处，无论如何都会把他人看作是可怕的。这些**逃避与他人交往的人**，也必然会找到合理的解释来证实他人确实是可怕的，从而证明自己的想法是正确的。对我来说，这个理由就是父亲打了我。

但问题是，人这一生不可避免会与人打交道。本章将首先从整体角度讨论自己与他人的关系，随后探究阿德勒针对人际关系提出的"人生课题"。

摆脱以自我为中心的思想

我在第二章中提到，我们不需要为了满足他人的期望而努力让自己变得出类拔萃，并因此给自身太大压力。我们不是为了满足他人的期望而活着的。但同样，我们也必须认可这样一件事，那就是他人也不是为了我们的期望而活着的。

我们可能会辜负他人的期望，他人也可能会辜负我们的期望。即使在某件事情上，他人没有做到我们所期望的，但只要这件事没有对我们自身造成实际伤害，我们就不应该因此而生气并指责他人。

阿德勒认为**他人是伙伴**，但有些不认可这种说法的人可能对他人抱有错误的期望。他们可能会想："连我都能做到这些事，那么其他人应该也能做到同样的事情。"这样一来，他们对他人的期望值就会变得很高，即使自己还什么都没有做，也会希望他人能够以实际行动来满足自己的期望。

像这样因为他人没有满足自己的期望而不把他人当作伙伴的人，很明显都是以自我为中心的人。

以自我为中心的人在人际关系中会遇到什么样的困难，后面我们会具体说。不过在这里我要指出的一点是，以自我为中心的人，毫无疑问最终会感到失望。因为这样的人认为他人为自己付出是理所当然的，他们只会看到他人为自己做了什么。对他们来说，自己就是世界的中心，整个世界都要围着自己转。

用请求代替命令

如果我们不是为了满足他人的期望而活着，他人也不是为了满足我们的期望而活着，那么人们是不是就应该各行其道、互不干涉呢？事实并非如此。对我们每个人来说，对他人有所期待和要求是一定的。

每个人都是平等的，当我们想要他人做某事的时候，我们需要做他们的思想工作，但不能命令他们。所谓命令是一种不给对方留出拒绝余地的方式。

"请……（～しなさい）"显然是一种命令。"请您……（～してください）"虽然显得语气比较委婉，但也没有给对方留出拒绝的空间，这样的话说出来，对方很难拒绝，所以这依然是一种命令。

因此，我们只能以请求的方式让他人帮助自己。和命令不同，请求是一种给对方留下了拒绝空间的好的交往方式，比如"能不能请你帮个忙"或者"如果你能帮我做……的话，就太好了（就帮大忙了）"。和命令的情况不同，如果我们使用了请求的方式，对方在多数情况下都会欣然接受。

但是，对方接受请求是基于其愿意提供帮助的善意，而不是义务，所以当然也会存在拒绝请求的情况。即便如此，我们最好也不要从一开始就断定他人不会满足自己的请求，认为即使自己真的提出了请求他人也不会接受。

有这样一则案例。在一辆满员电车上，有位年轻人把包放在了自己旁边的空位上。虽然人们心里想："这个人真是差劲，他不知道这样做会给其他人添麻烦吗？"但是大家都认为即使说出来也没什么用，所以没人提出来。这时，旁边的一位男士对那个年轻人说："不好意思，能把旁边的包拿一下吗？"年轻人露出吃惊的表情，一边说着"对不起"，一边拿起自己的包把座位让了出来。

开口求助

我深深感受到，当我们希望他人做某事时，如果不能很好地用语言表达出来，就无法传达自己的想法。

假如对方沉默不语，我们也能理解他的所思所想和感受，或是能够准确无误地知道他希望我们做的事情和不希望我们做的事情，那么这种体谅和关照就可以称得上是一种美德。但实际上，我们做不到这一点。

问题是，有些人认为即使他人保持沉默，我们也应该能够揣摩他人的想法和心情。这些人也会以同样的标准去要求他人。而且，如果他人没有做到这一点，不能在这些人沉默时弄懂他们的诉求，这些人就会反过来责备他人。但是，我不认为在我们保持沉默的情况下，他人能够真的理解我们的想法。

所以有必要的话，我们完全可以开口向他人求助。尽管如此，对于自己可以独自胜任的事，我们还是尽量自己完成，否则即使开了口也容易被拒绝。

人无法独立生活

但是，不管发生什么事情都拒绝接受他人的帮助，这一想法也是不合适的。我们既要积极地帮助他人，也要学会在遇到一些无法独立承担的事情时，开口向他人求助。这种人际交往模式对一些高度依赖他人、娇生惯养的人来说是很难做到的；当然也有一些人选择把所有事情都一个人扛下来，最终走投无路。

人们很难在没有他人帮助的情况下自力更生。因此，必要的时候**寻求他人帮助**并没有什么问题。人无法独立生活，不仅仅是因为人作为一种生物是一个相对软弱的存在。相比于"人本来就是孤独生活的，只有在必要的情况下，才会与他人产生联系"的说法，我更倾向于接受日语中"人间"[1]一词所表达的含义：人从一开始就存在于"人类之间"，无法脱离与他人的联系而独自生活。

我在前文论述了关于人们害怕他人对自己做出评价这一问题。在意他人对自己的评价，本身就意味着我们的生活与他人产生了关联。

即使把他人视为敌人，人们也会以敌对的形式与他人联系在一起。在这种情况下，我们无法随心所欲地让他人按照自己的意愿去行事，当然，对方也会有这样的想法，所以彼此之间发生磕碰是不可避免的。

世界是危险的地方吗

我们周围的人不是固定的。也许身边会有人帮助我们，但如果把目光再放远一点儿，我们会发现这

1　意为人、人类。——译者注

个社会和世界看上去充满了危险，不是所有人都是好人，可能会有令人讨厌的人、难以相处的人等。通过报纸和新闻中所报道的各种事故、事件、灾害、战争等，人们可能产生一种错觉：这个世界是个危险的地方，他人非但不是"伙伴"，反而是"敌人"，如果疏忽大意的话就可能遭到陷害。

当然，如果说这个世界完全没有危险，那是骗人的。话虽如此，过度煽动不安情绪也是不对的。如果过分强调外面的世界是一个危险的地方，那么原本就不想走出去的人会把世界充满危险当作自我封闭的正当理由。事实上，对这些人来说，即使是走出去了，他们也大概率不会在人际交往上持积极态度。

我们不能将报纸和新闻报道的事情泛化，并认为**"所有人都是我的敌人"**。虽然世界上确实存在一些危险的事情，但因此认为这个世界总是充满危险，一刻都不能疏忽大意，就属于反应过度了。

说这个世界没有危险是不对的，人们在面临危险的时候，会比任何时候都更渴望得到他人的保护和关注。

我的祖父在战争中脸部被燃烧弹严重烧伤。母亲经常提起，过去陪祖父坐市内电车去医院治疗的时候，肯定会有人给他让座的。我觉得母亲的言外之意是现在不一样了，现如今的人们已不再对他人抱有善意。但事实并非如此。看起来很冷淡的年轻人在被提醒拿走占座的包的时候也能坦然接受；看到怀孕的女性，率先起来让座的也都是年轻人。只不过母亲在祖父经历过战争创伤后，对他人的善意变得更敏感了。

我们能做什么

我们在与他人的千丝万缕的关系中生活着，他人亦是如此。需要注意的是，即使与我们产生关联的人中有些看起来与自己是敌对关系，但我们依然无法脱离与他人的联系而独自生活。

正如前文所提到的，即使我们把自身看作是一个独立个体，也避免不了要接受他人的帮助。同理，只要生存就逃不开给他人提供帮助。在这种认知基础上升华一下，既然人的应有状态就如同我们所看到的那样是相互联系的，那么如果可能的话，希望人们能够**更多地把心思放在如何帮助他人上**。因为对我们所有人来说，并不是做好自己就可以了，我们还需要肩负起对他人的责任。因此，我们需要聚焦的不是他人能为我们做什么，而是我们能为他人做什么。

在必要的情况下求助于人并不是一件可耻的事情，可问题是有些人在那些必须自我承担且能独立胜任的事情上也处处依赖他人，却不去考虑自己能为他人做些什么。

我的建议是：**自己能做到的事情尽可能自己做；但是，如果他人请求我们的帮助，我们也尽可能地提供帮助。**

如果所有人都能这么想的话，这个世界一定会变得更加美好。

人生课题

基于前文内容，接下来我们将探讨关于人生的课题，并根据阿德勒所提到的一些事例来进行具体分析。

人们在生存过程中，会面临着许多无可逃避、必须要解决的课题，这些课题主要与人际关系相关。孩子在父母的呵护下，什么都不用做也可以好好地生活。但孩子不可能永远依赖父母，总有一天需要通过工作养活自己。如果不工作，我们就无法获取生存必需的各种资源。

人们和朋友相处，选择投缘的人成为恋人，并且发展下去可能会步入婚姻殿堂，再之后也必不可少地面临亲子关系。阿德勒把人生中关于工作、交友和爱的问题归纳起来，称为"**人生课题**"，其中包含了工作课题、交友课题和爱的课题。但无论是工作课题还是爱的课题，基本上都是人际关系问题。

说到工作，让一个人承担所有的工作是不可能的，因此需要分工。有了分工就会面临协作问题，也就逃不开人际关系问题。虽然有一些工作是可以一个人独立完成的，但没有任何一项工作可以在整个过程中都不需要与其他人打交道。

在这里需要指出的是，工作层面上的人际关系通常不会持续很长时间，交流也不会特别深入。而相比于朋友关系，亲子关系、恋爱关系和夫妻关系会更持久也更深入。从持续时间和深入程度看，由工作课题到交友课题再到爱的课题，其课题难度依次增加。

事例

接下来，我们来看一下阿德勒提过的一则事例——"直到最后的最后，依然在逃避人生课题"，该事例讲述的是一名三十岁男性的故事。

在工作中，这名男性总是害怕失败，于是精神高度紧张，不分昼夜地学习，不断加班。但由于紧张过度，他的工作课题并没有解决。

在人生的第二大课题——交友课题上，他也面临着同样的问题。虽然他也有朋友，但由于对朋友不信任，这些友情都没有维持到最后。对他而言，现在依然有很多可以交流的朋友，但都不是真正交心的朋友。于是，他害怕出门，在人多的地方也总是保持沉默。当被问到为什么不说话时，他的回答是：在他人面前，他感觉脑子会变得迟钝，不知道该说什么，因此就什么都不说。

而且，他这个人很腼腆，一说话就会脸红。他也曾想过，自己只要克服了这种内向的性格，就能在人们面前侃侃而谈了。但过去他给人们留下的印象并不是很好，在熟人圈子里不那么受欢迎。感受到这点后，他放弃做出改变，变得更加不爱说话了。

就像前面描述的，这个人无论是工作还是交友，总是过度紧张。阿德勒在分析该事例时指出，这个人的种种行为表示他有强烈的自卑感，他低估了自己，并把他人和新事物都看作是对自己不友好的，表现得自己就像身处"敌国之中"一样。

与自卑感无关

虽然阿德勒已经对此人的行为进行了明确的分析，但是需要注意的是，此人之所以解决不了工作的课题，交友方面也一塌糊涂，并非是因为他有自卑感，也不是因为他把他人和新事物认定为不友好。

阿德勒提到："他想往前迈出一步，同时又害怕失败，因此踟蹰不前。他仿佛站在悬崖之上一样，一直战战兢兢。"

严格来说，他只是看上去想往前走。所谓的"踟蹰不前"，也只是从一般意义上解释他所处状态的说法，实际上，他自己已然下定决心不迈出这一步。

为什么他不愿意往前走呢？还是因为**害怕失败**。避免失败的最好方法（这名男性所认为的最好方法）就是不去挑战困难。现实中，像他一样因为害怕失败而持"**犹疑态度**"的人应该还有很多。在这些人看来，不去挑战困难的话就不会失败。

他必须要为回避困难找一个正当的理由，这个理由就是所谓的紧张。即使挑战失败了，他也可以推脱是因为紧张而没有做到。他认为如果不走出门，就不需要和他人交往，也就不会在人际关系上受挫。但是，实际上不管是谁，在和他人交流时或多或少都会紧张，不能随心所欲地表达自己，显得有些局促。

他解释自己之所以不愿意出门、在人多的地方保持沉默，是因为他在人们面前总是反应迟钝，不知道该说什么好。其实恰恰相反，正因为他一直什么都不说，所以他才会在人们面前不知道说什么好。

倘若一个人总是在人多的地方保持沉默，在场的人就不会对他产生好感，因为大家都不知道他在想什么。感受到这种氛围后，他就会愈发变得沉默寡言。在他看来，既然在场的人不能很好地理解自己，那做不成朋友就只能做敌人了。这类人丝毫意识不到是自己的所作所为让他人对自己疏而远之的。

就像前面分析的那样，这名男子在工作和交友中都会紧张并不是因为有自卑感，而是因为**他把自卑感当成了回避工作和交友困难的理由**。

同样的，回过头来看此人前面的言论，并不是因为他对朋友持强烈的怀疑态度才交友不顺利，而是他**把朋友带来的麻烦当成了交友不顺的理由**，把腼腆、对人说话会脸红当成了不能很好地表达自己的理由。

他甚至认为"如果能够克服这种腼腆性格的话，就会变得侃侃而谈吧"，假如只用"如果……的话"来谈论可能性，那么任何人都可以做到。

自卑情结

这名男性还面临着人生的第三大课题——爱的课题。

"他对接近异性犹豫不决，本来很想谈恋爱、结婚，但由于强烈的自卑感以及恐惧，他无法将该计划付诸实施。"

这就是上文提到的阿德勒所说的"犹疑态度"。

阿德勒说，此人想谈恋爱、结婚，但因为有"强烈的自卑感"，所以他没能做到。这只是表面原因，实际上，他并不是因为有自卑感而回避了爱的课题，而是以有强烈的自卑感为理由逃避了爱的课题。

这里，阿德勒既使用了"自卑感"这个词，也使用了"自卑情结"这个词。

需要注意的是，"自卑感"和"自卑情结"的含义是不同的。自卑感指的是"感觉自己很差劲"；而自卑情结指的是"日常生活中经常遇到的逻辑关系：

因为 A（或者因为没有 A），而做不到 B"。如果自己和他人都在使用 A 这个理由的话，人们会认为这个理由真的是不可抗力。

例如，精神疾病就经常被拿来当作 A；对孩子来说，就像第一章所讲的那样，他们经常以"发烧""头痛"为理由不去学校。

阿德勒提出："这些人的行为和态度可以概括成'**确实……，但是……**'这句话。"

被困难挫伤勇气的人经常会说："*我会做的，但是……*"

虽然有些事情确实很难做到，但很多人在着手去做之前，一考虑到事情的困难性，就开始变得踟蹰不前。这些人在说出"确实……，但是……"的时候，与其说他们可能不会付诸行动，不如说他们**从一开始就下定了决心不去做这件事**，之后他们会拿出各种做不到的理由来搪塞过去。

在接受咨询时，如果对方有说"确实……，但是……"的习惯，那么我们首先要让对方意识到自己说"确实……，但是……"的频繁程度。为此，我们可以让对方记一下说这句话的次数。

有人说："我今天一次也没有说'确实……，但是……'。"

当我们有了这种觉悟，不再说"但是"之后，我们的人生就会发生改变。

回避人生课题的人的过去

要解决上文提到的三大人生课题确实很困难，但是如果什么都不做的话，我们的人生就无法继续下去。他人不能代替我们去解决我们自身的人生课题。对一些人来说，他们并不是因为人生很困难所以什么都不做，而是先下定了决心什么都不做，然后为了让自己的这种决心正当化，才搬出了人生困难这个理由。

阿德勒说："因为主观上的不努力，这些人变得小心、犹豫，最终走上了逃避之路。"

小心谨慎这一特质本身没有错，但如果过于小心，就会害怕失败，如此行事的话就不是挑战困难了，而是走在了逃避之路上。

阿德勒指出，通过与这些害怕面对困难的人交流，他发现很多人都有过不如他人受欢迎的经历。前面事例里提到的那名男性是家里的第一个孩子，因此他也曾是家里关注的焦点，但这种"光荣的地位"后来被家里的其他孩子抢走了。

即使出生在同一个家庭，不同的孩子在看待自己所处的状况时也会有所差异。第一个孩子有了从众星捧月的王座上跌落下来的经历，所以会想办法扭转这一态势。很多时候，当自己在做的一件曾获父母表扬的事进展不顺时，他往往会做出一些出格的、让父母生气的举动。

他这样做的目的是**为了获得父母的关注**。但即使他的做法并未出格，他想要成为关注的焦点这件事本身也有问题。当然，想要被关注、成为大家目光焦点的行为不仅仅会出现在家里的第一个孩子身上。阿德勒把这种行为当成问题来研究，因为这些认为自己必须处于人们关注焦点的人只关心自己，也可以说这些人是一种极端以自我为中心的人。他们只在意别人有多关注自己、对自己做了什么、能不能满足自己的诉求和欲望，而如果所遇之人没有特别关注自己或者没有以自己所希望的方式关注自己，甚至是毫不关注，他们就会把这些人视为敌人。

对他人的关心

对此，阿德勒给出的治疗方案非常简单：**将这些人对自身的关心（self interest）逐步转变为对他人的关心（interest others）**。

这也就是阿德勒心理学中的关键概念"共同体感

觉"（德语：Gemeinschaftsgefühl）。这个词正如其英文翻译"social interest"所表达的意思，指的是对社会、对他人的关心。

另外，德语中还有另一个词"Mitmenschlichkeit"也可以表示阿德勒所说的共同体感觉。如上文所述，Mitmenschen 指的是"伙伴"，是人与人联系在一起的意思。**那些不把他人当作伙伴的人，可以说是一群没有共同体感觉的人**。正因为大家是伙伴关系，所以我们才会发自内心地去关心他人、帮助他人，甚至为他人奉献自己。

为了解决人生课题，我们就必须不断学习如何关心他人。因为人生课题主要是人际关系的课题。在人际关系中发生了必须要解决的问题时，自己什么都不做，却指望他人为自己做点儿什么，这样是解决不了问题的。如此一来，人生之路也会越走越艰难。

这里需要注意的是，事例中的男性是家中的长子。但他不擅长关心别人，与家中有了其他兄弟姐妹导致他不再是父母关注的中心这件事无关。作为家中长子，这种成长环境确实会对他处理人际关系的方式造成一定影响，但并不是所有的长子、长女都和他一样。

在阿德勒心理学中，为了了解当事人的生活风格，有时会询问其人生最初阶段的记忆——早期记忆。而事例中这名男性的早期记忆是："在我的印象中，有一次妈妈带着我和弟弟去市场购物，天突然开始下雨。妈妈最开始一直抱着我，但当她目光扫到弟弟后，就把我放了下来，然后抱起了弟弟。"

他是否真的有过这段经历并不重要，也可能实际上并没有发生过这样的事情。

阿德勒指出，通过这名男性的回忆可以刻画出他的思维方式。在他的心目中，总有一天，家中的其他孩子会比他更受欢迎。正好，他发现了"自己本来被妈妈抱着，但当妈妈看到弟弟后把他放下并抱起了弟弟"这一幕。

这种人总是关注他人会不会比自己更受欢迎或者自己的朋友是不是喜欢他人胜过喜欢自己，并且不会忽略任何能够损害自己的友情和爱的小事情。麻烦的是，他们很快就能找到这样的证据。于是，他们的友情和爱都沦为"昙花一现"。

因此，对这种多疑的人来说，他们希望能够完全孤立地生活，不与他人交往，也不关心他人。但是，既然人无法做到独自生存，这样做就显然不能解决问题。

正如我们前面多次提到的，这种人并不是因为有了记忆中的经历才变得不关心他人，而是因为他们本来就不愿关心他人，为了让这种行为正当化，才从过去的回忆中找出了能够印证自己所思所想的经历。

但是这名男性并没有注意到这一点，他将母亲更爱弟弟的过往经历当成了自己现在遭遇交友和爱情问题的原因。不仅如此，他还以他人比自己更受欢迎为理由，想要逃避问题。但这种因果关系显然是错误的，我们将在下文中详细解释。

被宠坏的孩子

虽然这名男性从王座上掉了下来，但也有很多一直被当作王子、公主养大的孩子，他们都被宠坏了。在如今的社会中，很多人认为缺乏爱是造成很多孩子行为错误的原因。但实际上，这个问题的原因是双向的。从父母角度来说，过度宠爱会带来诸多问题；而从孩子角度来说，缺乏关爱带来的问题则更大。

不管会不会从王座上掉下来，孩子在出生后的一段时间里，如果没有父母的帮助，都不可能活下去。但总有一天，孩子要学会自立，父母也必须帮助孩子学会自立。

但是，对溺爱孩子的父母来说，即便是孩子能够独立完成的事情，他们也会插一手，这样做会阻碍孩子的自立。他们对孩子娇生惯养，不仅不教育孩子学会帮助他人或与他人合作，反而还让孩子不要这么做。一些孩子必须亲手完成的事情，父母也会**打着"为了孩子"的口号**，替孩子去做事、思考、发声。在这种环境中成长的孩子会恃宠而骄，形成独有的行事方式。

与之相反，有些父母懂得帮助孩子学会自立，在这种家庭中长大的孩子虽然没有被宠坏，但其中一些孩子如果像之前事例里那名男性一样，被其他孩子分走了父母的爱的话，他们就会过度执着于撒娇争宠，长大后也会发展出被宠坏的孩子所独有的行事方式。

被宠坏的孩子不会靠自己的力量去解决人生课题，他们认为他人帮自己解决问题是理所当然的。即使长大了，他们也会认为自己是世界的中心。所以如果有哪些事情阻碍他们成为关注中心，他们就会对这种事情产生敌意；如果有哪些人妨碍他们成为关注中心，他们就会视这些人为"敌人"。他们慢慢变得抵触与人交往，远离人际关系这一人生课题。如果他们将他人视为敌人，就不会想要帮助他人；而如果没有通过帮助他人得到一定的贡献感，他们就会像前文提到的那样，无法喜欢上自己，觉得自己很没用。只有当他们感受到自己对于他人的价值的时候，他们才能真正地喜欢上自己。

表面上的因果论

人们为了逃避人生课题，需要为自己找个正当理由。这些理由有的是上文所举事例中那名男性的精神疾病，有的是灾害、重大事件、事故等造成的心灵创伤。毫无疑问，这些事情确实会给人带来很大的影响，但并不一定会对人的内心造成伤害。

能够直面人生课题的人，即使遇到了灾害和重大事件，也能很快地从冲击中恢复过来。而一直逃避人生课题的人，会把灾害、事件造成的创伤当成无法应对课题的理由。

我曾在电视中看到过这样一位女士，她提到自己之所以与丈夫的关系不睦，是因为她从小就受到父亲的虐待。虽然不能说父女关系对她之后人生中的人际交往一点儿影响都没有，但这并不是她与丈夫关系不睦的主要原因。她没有通过自身的努力去改善夫妻关系，却从过去的经历中寻找两人不和的原因，这种做法是很奇怪的。

为了解释"现在的事情或状态是因为某件事而产生的"这一类现象，阿德勒提出了"**表面上的因果论**"这一理论。之所以说是"表面上的"，是因为某些事情相互之间实际上没有因果关系，只是人们把本身没有因果关系的事情硬套上了某种因果关系。对那位女士来说，不管她过去有过什么经历都与婚后的夫妻关系无关。良好的夫妻关系是可以靠现在的努力培养出来的。

阿德勒否定了过去的某种经历会影响现在自身所做的决定这一因果论。阿德勒是这样说的："任何经历本身都不是现在成功或者失败的原因。人们并不是因为过去的经历而遭受现在的打击、创伤和痛苦。只是有些人为了达到某种目的，从过往的经历中寻找出相应事例来印证。决定我们自身的不是过去的经历，而是我们自己赋予这段经历的意义。我们给过去的经历赋予什么样的意义，直接决定了我们的生活。"

关于创伤的影响，即使是不赞同阿德勒理论的人也不能否认，潜移默化的性格或是贫穷的过去并不能成为杀人犯杀人的理由。

想要逃避人生课题的人经常会使用"表面上的因果论"。对每个人来说，人生的三大课题同等重要。但对"工作狂"来说，他们有时会将全部精力放在工作上而忽略了家庭。这样的人必然是工作课题优先，而且把这当成了不能努力应对人生其他课题的理由。例如有人会把忙于工作当成婚姻失败的理由。在他们看来，因为工作很忙，所以没有太多的时间享受家庭的温馨时光。

把恋爱当作生活全部的人也是如此。他们会把恋爱当作无法应对其他人生课题的借口。他们会说自己无论是在睡梦中还是清醒时，满脑子都是自己喜欢的人，时时沉浸在被爱的喜悦中（我觉得很少有人会把"爱"的喜悦挂在嘴边），甚至到了废寝忘食的程度。虽然我完全不打算冒犯这种梦中才会出现的神圣的爱，但即使你真的拥有了这样的爱情，生活也还是要继续的。

明明还有很多其他的人际交往关系，但在这些人眼中，只有与自己喜欢的人的关系才重要，其他的人际交往都是毫无意义的。如果其他人注意到他们这种轻视的态度，也会对他们敬而远之。

我该怎么办

正如我们前面所看到的那样，事例中的那名男性想要逃避交友和爱的课题，并把过去和现在他人都比自己受欢迎当作自我孤立的理由。基于这种观点，他对那些一开始关注他，后来转而关注别人的人表达了不满。用阿德勒的话说，"他就像站在巨大的悬崖之上或是身处敌国之中，感觉自己时刻面临危险，一直呈现过度紧张的状态。"

这样的人该如何走出阴霾呢？阿德勒指出，必要的手段是**减少自卑感**。所谓的自卑感并不是你哪方面真的很差，而是你的自我感觉很差。所以对有自卑感的人来说，他们本人可能特别在意某件事情并因此而痛苦不堪，但周围的人却并不理解他们为什么会如此。

如果我们对自己有信心，那么即使喜欢自己的人也喜欢他人，甚至喜欢他人胜过喜欢自己，我们也不会把这当作是有威胁的大事。

假如我们希望他人对我们有好感，希望自己成为一个受大家欢迎的人，那么我们就要靠自己的努力去赢得大家的喜欢。自己什么都不做，却想让他人对自己有好感是不可能的。自己的不幸是因为我们自己从一开始就没有好好经营人际关系，将责任归咎于那些不喜欢自己的人并因此责怪他们是毫无道理的。

因此，阿德勒建议那名男性主办一场派对，并努力让参加的朋友们度过一段快乐的时光，如此一来，他的心理问题就能够解决。阿德勒这样建议的目的是让这名男性从中获得贡献感，但是这名男性拒绝了。他抱怨道，他从普通的人际关系中得不到快乐，没有人能让自己开心。一般来说，只考虑单方面从他人那里索取却不付出的人是很难获得幸福的。

恋爱和婚姻

行文至此，我们介绍的都是事例"直到最后的最后，依然在逃避人生课题"中的那名男性。接下来，我们来分析一下人生三大课题中最难的课题——"爱的课题"。

阿德勒曾讲过一则事例。一名年轻的男子和他美丽的未婚妻正在舞会上翩翩起舞。在跳舞过程中，男子的眼镜掉了，他为了捡眼镜，差点儿把自己的未婚妻撞倒。

朋友们很吃惊地问："怎么了？"

男子回答说："我怕她把我的眼镜踩碎。"

于是，他的未婚妻解除了与他的婚约。

美籍德国心理学家艾瑞克·弗洛姆说过，有些人认为只要与合适的对象谈恋爱，最后就一定能开花结果，这是错误的。

很多人认为，谈恋爱很容易，难的是找到合适的人谈恋爱，只要找到了对的人，恋爱就肯定会成功。但是，正如弗洛姆所说，**爱是一种能力**。

结婚是起点，而不是终点。

很多小说、电影和电视剧都是以男女主角结婚作为大结局，但结婚并不一定是幸福的结局，反而可能是不幸的开始。结婚和恋爱一样，即使有幸找到了合适的另一半，要维系下去也很困难。如果说恋爱是一种娱乐的话，那么婚姻就是生活。

恋爱的时候可以不用考虑生活，可一旦两个人结婚并开始一起生活，围绕两人的就不全是快乐的事了，例如需要应对被宠坏的孩子们，直到他们成人、结婚，找到可以依赖的另一半。

在两个人恋爱和新婚的时期，这些事情可能并不是什么大问题。换句话说，此时，彼此都还是可以托付终身的人。

但是，离开了可以称作娱乐的恋爱阶段，进入了所谓生活的婚姻阶段后，在不同的场合下，如果两个人都想成为被宠的一方，那么这些事情就会变成问题暴露出来。因为无论哪一方都不希望自己只付出却没有回报。

人们一般都认为有稳定的收入来源和门当户对是结婚的重要条件，但与阿德勒所说的生活风格相比，这些都是微不足道的问题。

其实在恋爱和结婚过程中出现的问题，和在其他人际关系中出现的问题基本是一样的。一个人如果只关心自己，不关心他人，那么他在恋爱、结婚方面也会陷入僵局。

把他人当作伙伴，关心他人，为他人做贡献，这样的共同体感觉可以被慢慢地培养出来。如果一个人在恋爱之前都是以自我为中心的生活风格，那么不管他和谁成为恋人，都很难在一夜之间改变。

以自我为中心，只接受他人的馈赠而不为他人付出的人，不管在整个人际交往中还是在维持爱情与婚姻关系上，可以说都没有做好准备。这样的人在爱情和婚姻中能否顺利，其实不用实际尝试都很清楚了。

被宠坏的孩子即使长大了，也还是只会关心他人能为自己做什么。

如果真有人能满足这些人的期待也就好了。但毫无疑问，没有人会专门为了满足他们的期待而活着。这些人发现了这一事实后却无法接受，其中有些人还会对那些没有满足自己期待的人充满攻击性，而那些被攻击的人意识到这种攻击性后就会远离他们。如此恶性循环下去，他们对他人的不信任感就会越来越强。

在这个世界上，有两件事是没法强迫他人去做的，那就是"**尊敬**"和"**爱**"。很明显，我们不能强迫他人"爱我吧""尊敬我吧"。但有人却认为这是有可能做到的。事实上，如果我们什么都不做的话，是无法获得他人的尊敬和爱的。

周围的人认为不能放任不管而伸出援手帮了我们，可能有些人会觉得我们没有强制他人也得到了他人的帮助。但站在周围人的角度看，他们伸出援手时的想法是不得不帮一把，也就是秉持"无法拒绝"的心理。如果我们抱有不用付出也会获得他人帮助的心理的话，那我们就与那些因为他人没有满足自己期待而攻击他人的人没有什么区别。被这种心理占据的人，并没有注意到自己陷入了巧妙的诱惑陷阱。实际上，很多人都没有注意到这种陷阱的存在。

不想付出只想索取，在这种关系中，两人的关系是不对等的。阿德勒说过："爱情和婚姻中的问题，只有在双方完全平等的基础上才能得到令人满意的解决。"

对等的关系

阿德勒认为，所有的人际关系都应该是对等的，即使是大人和孩子的关系也应该是对等的。很多人不理解这一点，阿德勒的意思并不是说大人和孩子是一样的，无论是从知识和经验的角度还是从能够承担责任的角度看，大人和孩子都不可能相同。**但即使大人和孩子不一样，在交往关系上也应该是对等的。**

这种对等关系也适用于男女关系。毕竟如今是现代社会了，公开表示男女不平等的人并不多。虽然如此，还是有很多人在潜意识上认为男人是上等人。

有些男性会对恋人或妻子说，每周都会带她去某个地方约会，或是缺钱了尽管说等。他们如此想，也如此说。说出这些"豪言壮语"的男性可能没有注意到，他的言语表达把女性摆在了比自己低的地位上。

在收入方面相对逊色并不意味着整个人都不如对方，家务活跟外边的工作同等重要。很多人因为白天在外忙工作，晚上下班回到家之前无法照顾孩子和做家务。有些人会想"对方白天忙工作没法做家务，晚上回到家可以做了吧"，于是让白天上班的家人晚上回到家后分担一部分家务，这其实是没什么问题的。

阿德勒说过："不管男方还是女方，在结婚后想要压倒对方的想法对婚姻来说都是致命的。"

我认为这种理论不仅仅局限于结婚之后。只不过在结婚之前，有的人为了不被对方讨厌，可能会约束自己的行为，所以没有造成很严重的后果。

但是，脱离了娱乐的恋爱阶段，进入了生活的婚姻阶段后，人们就不能总是带着这种自我优越感处理夫妻关系了。

阿德勒反复提到"不管是男方还是女方"，我觉得这很有意思。因为在婚姻中，女性占据主导地位的情况并不罕见。不管怎么说，阿德勒认为，抱着征服对方的目的而结婚，就证明此人还没有做好步入婚姻阶段的准备。

我们注意到，经常会有人认为，男性的保护欲能够让女性感到幸福。而我认为，**只有两个人共同努力才能变得幸福**，如果两人认为双方的关系是平等的，就不会出现"让对方幸福"这种想法。

那么怎样才能正确地做好结婚的准备呢？其实这种准备需要从恋爱阶段就开始着手。阿德勒认为其中的一种方式是**训练共同体感觉**。所谓的训练共同体感觉，其中重要的手段之一就是上文已经提到的"学会关心他人"。像之前例子中的那名男性，为了捡眼镜差点儿撞倒自己的未婚妻，显然就是只关心自己而没有学会关心他人。

产生共鸣

做好结婚准备的另一种手段就是**提升共鸣能力**。阿德勒认为，共鸣能力指的是站在他人角度看问题的能力。阿德勒提出，几乎所有没能为家庭生活做好适当准备的人，都是因为没有学会"用他人的眼睛去看，用他人的耳朵去听，用他人的心去感受"。

"共鸣"作为一个词还是很容易理解的。但实际上，要做到共鸣并不是一件容易的事，因为现实是我们只能用自己的眼睛看东西。可假如不能摆脱"如果是我自己的话（我会怎么看，我会怎么做）"的思想，我们就不能理解他人的真正想法。

如果我们没有注意到他人与自己的不同，只以自己的标准去看待他人，就会造成误解，损害两个人的关系。并不是两个人相互亲近或者相互爱着对方就代表他们互相理解，亲密关系初期的互不理解并不是什么大问题。实际上，无法互相理解的事情比比皆是。

问题在于，**有的人一点儿都没有意识到自己存在不能理解他人的问题**。他们从不认为别人会有和自己不同的想法，所以做不到努力去理解他人。

因此，要想理解对方，就必须摆脱"如果是我自己的话"的思想，把他人摆在与自己同等重要的位置，站在对方的立场看问题，从而与对方产生共鸣。所谓理解，就是对自己和他人一视同仁。

为了更加直观地理解上面所讲，阿德勒举了一些关于共鸣的例子。例如，人们在剧场看戏的时候会和演员产生共鸣；在读书时会和书中的主人公产生共鸣；杂技演员在走钢丝时摇摇晃晃，我们也会把心提到嗓子眼，生怕对方掉下来；当有人面对很多听众演讲时突然卡壳了，不知道下一句该说什么，我们也能体会到他那尴尬的心情。

选择伴侣

阿德勒提出，每个人从孩童时期就开始在心中勾勒理想的异性形象了。对男性来说，母亲就是理想的异性，因此他们在选择结婚对象时经常寻找与母亲类型相似的人。

如果某位男性不幸在小时候和母亲的关系紧张，他在寻找结婚对象时就会找和母亲类型相反的女性。如果某位男性的母亲特别强势，他一直在母亲的压迫下成长，就会一直保持对女性的恐惧，完全避开与女性的交往，更不用说恋爱和结婚了。对在这种环境中长大的男性来说，其理想的伴侣则是与母亲类型完全相反的软弱顺从的女性。这种男性把经常怒吼、责备自己的母亲看成是无能的教育者，并试图逃避亲近之人给予自己的这种压力。

有些母亲靠训斥的方式来教育孩子，在孩子必须独立承担责任的时候，又试图介入其中，帮助孩子解决难题，这就会养成孩子的依赖性。而孩子一旦被母亲宠坏，就会发展成所谓的恋母情结，同时却又渴望摆脱母亲给予的压力。

还有些男性受母亲的影响，觉得自己很差（也就是所谓的有"自卑感"）。这种男性希望从女方那里得到支持，其理想的恋人类型应该是有母性的女性。但在恋爱过程中，他们的行为却是相反的，极具支配性和攻击性。这种男性最终可能会选择同样具有攻击性的女性做自己的另一半，因为他们认为在激烈的战斗中胜出并成为支配者的一方才是优秀的。

然而，也有人在选择伴侣时会选择疾病缠身的人或者比自己年长很多的人，也有人会选择已婚者。

当然，爱的形式多种多样。阿德勒也提出，人们最终选择的伴侣并不一定是自己所希望的类型。

但是，有的人在选择伴侣时可能会选择那种"从某种意义上看，最终很难与自己步入婚姻殿堂的人"。

这些人只是生活在婚姻的可能性中，虽然他们看起来有很强烈的结婚愿望，但事实上却非常**害怕走到结婚这一步**。就像谈异地恋的人会把双方距离过远当作恋爱关系不顺利的原因一样，这些人也会把很难走到一起当作拒绝结婚的理由。但对异地恋的情侣来说，当其中一方的工作单位变化，双方距离拉近之后，再拿距离这种理由搪塞就站不住脚了。

我们并不是说之前所提事例中的人物没有谈过真正的恋爱，但阿德勒的意思也很容易理解。

当然，女性在选择伴侣的时候，也会受到父母的影响。阿德勒指出，有的男性在母亲的影响下产生自卑感，同样部分女性也会有自卑感，而且这些女性认为男性在社会上有优势，这会加剧她们自身的自卑感，导致女性的自卑感更甚于男性。

无论是男性还是女性，无论他们的父母是什么样的人，都会对他们选择伴侣产生影响，但这种影响却不是决定性的。大多数情况是，人们在婚姻不顺利的时候，会有目的地把自己的选择失败归咎于父母的影响。

男女平等

阿德勒在其二十世纪三十年代写的书中指出"分工协作，做好自己职责内的事情很重要"，并认为女性更适合做家务。当然，在当今时代，人们已经无法接受将男女固定在某种工作分工上的思想。不管男性还是女性，做自己擅长的事情就好了。但是，阿德勒也强调，在分工时首先要保证男女平等。就像上文中的大人和孩子的关系一样，男性和女性虽然有很多不同的地方，但关系是平等的。

阿德勒说过："由于男女两性在体格上存在差异，因此才有了分工。"并且阿德勒认为这种分工必须"没有偏见，完全遵循同一标准"（当然，这个标准应该因社会和时代的不同而有所不同），在此意义上，阿德勒是主张男女平等的。阿德勒同时指出，有很多女性秉持豁达的生活态度，拒绝从事那些专为女性分配的工作（我们需要仔细斟酌到底哪些工作是专门适合女性做的），选择与男性全力竞争。

此外，也有些女性认为"自己作为一名女性，很难在工作中取得出色的成绩，只有男性才会在工作中有所建树"。有这种想法的女性，即使面对自己能够胜任的工作也会打退堂鼓，并推给男性去做。

阿德勒还指出，有些女性会把对女性这一身份的不满以极端的形式表现出来。例如，她们会"将工作与单身主义联系起来"，并以这种形式来逃避人生课题。

对阿德勒来说，婚姻是人生的一项重大课题。如果有的女性以工作为理由不结婚的话，阿德勒就会判断她们是在逃避人生课题。不过这种观点在今天看来是令人无法接受的。需要注意的一点是，**阿德勒也认为婚姻课题要比工作和交友课题更困难。**

正如前文提到的，对于分工，首先不能有偏见。男女分工合作无疑是婚姻生活顺利维持的关键因素。

现在来看，夫妻双方都在外工作并不是什么稀奇的事。对有些家庭来说，假如夫妻双方有一方不工作的话就很难维持生计。但遗憾的是，在很多家庭中，即使妻子也在外工作，丈夫依然不分担家务和育儿任务。

准备结婚

阿德勒曾提到，在德国，为了了解情侣是否为结婚做好了准备，他们会进行一种仪式。人们给要结婚的情侣一把双人锯，让他们各持一端，在亲属们的注视下，共同锯断一段木头。如果情侣双方互不信任，那么双方都会使劲把锯往自己的方向拉；又或者说，假如其中一方想掌握主导权，把本来两个人干的事情一力承担的话，就会花两倍的时间。真正为婚姻做好了准备的情侣应该做的是关心对方，配合对方的动作。

当然，如果两人没有做好结婚准备的话，即使不进行这种特殊的仪式，人们也一清二楚。

就像我们之前提到的那位眼镜掉了的男性，我们可以从他的态度看出他没有为婚姻做好准备。阿德勒在总结上述内容时写道："如果没有合适的理由，不要相信在恋爱中约会迟到的人。"和人生的其他课题一样，这种事情反映出的是这类人面对婚姻课题的"犹疑态度"。

如果某人面对婚姻犹豫的话，就代表他仍在寻找理想的结婚对象。也许他确实一直没有遇到理想的人，也可能他的周围就没有理想的对象（但到底什么样的对象是理想的呢？），不管什么原因，这其实就是阿德勒所谓的在爱与婚姻的课题前犹豫不决。

有些人害怕结婚后要生孩子，会为了从一开始就避免生孩子这件事而决定不结婚。那些想在婚后扮演类似被宠坏的孩子的角色的人，认为新出生的孩子会取代自己成为家庭关注的中心，原本对自己的关注则会消失，把孩子当作了竞争对手，因此不喜欢看到孩子出生。

当然，也有人害怕自己生完孩子后变得不漂亮了，还有人担心养育孩子的辛苦。以上种种会让女性有一种"只有女人会因为生孩子而受罪"的自卑感。

这些问题其实可以通过与伴侣的合作来解决，并不是只有女性才需要承担育儿的辛苦。但实际上，那些认为"只有女人会受罪"的人，并不是因为害怕育儿的困难而害怕结婚，而是从一开始就想逃避婚姻的课题，然后将这种困难当成了理由。

同样，也有人把孩子当作"宠物"，**为了满足自己的快乐而生孩子**，可以说这种以自我为中心的人也没有为婚姻做好准备。

另外，那些没有朋友或者不能与朋友好好交往的人，以及那些因为害怕面对工作课题而迟迟不参加工作的人，其实都没有做好结婚的准备。

阿德勒指出，经济稳定并不代表做好了结婚准备。**比经济稳定更重要的是两个人努力的态度。**倘若两个人像梦想中彩票一样被动等待幸运来临，就不能说他们为婚姻做好了准备。

通过上述分析可以看出，婚姻的课题并不是独立于人生其他课题之外的课题。

阿德勒指出，对情侣来说，双方中的一方总想教育对方、批评对方，这也是没有做好结婚准备的标志。

在所有的人际关系中，平等都是最重要的。因此，有一方总想教育对方并不是一种正常的人际关系，也是不可取的。

婚姻是一项双人课题。人们所接受的教育都是为了让自己独立完成一项课题，或是完成多人协作的工作。但如何应对这种双人课题，并没有人教我们怎么做。

当然，没有哪对伴侣一开始就懂得如何合作。双方保持平等的关系，一边试错，一边熟悉彼此的生活风格，努力应对婚姻生活中遇到的各种问题，就可以适当地解决婚姻这项课题。

这里我们提到了熟悉彼此的生活风格。正如上文所述，如果彼此能产生共鸣的话，即使两人生活风格不同，也不是大问题。对婚姻中的双方来说，生活风格不同甚至有可能是一件好事。

确实，若自己和对方有不同的感受、不同的想法，有时候我们会感到无所适从和困惑。但如果我们接受这种不同，并试着去学习对方的不同看法，也会为人生增加很多乐趣。

不要踏足他人的人生课题

结婚与否是双方决定的事，但有时候周围的人会提出反对意见。

我们如果想知道某件事情属于谁的课题，就需要考虑这件事情的最终结果会落到谁头上，或者说谁最

终必须为这件事承担责任。

例如，学习是自己的课题而不是他人的课题。同样的，婚姻是伴侣双方的课题，因为不管谁提出反对意见，都需要伴侣双方来为这桩婚姻承担责任。

即使父母反对自己的婚姻，我们也不能屈从。我不认为反对孩子婚姻的父母能对孩子的人生负责。即使孩子婚后生活并不如意，那也是小两口自己的事情，需要由他们自己去寻找解决办法，这不是父母需要考虑的事情。

现实生活中，父母在婚前对孩子的婚姻进行干涉，也许能带给孩子幸福的婚姻。但是如果伴侣双方因为父母的干涉而放弃结婚的话，会导致父母背上沉重的责任。

而假如双方不顾父母的反对走到了一起，那么即便他们的婚后生活真如父母所预想的那样磕磕绊绊，有些孩子为了不输给父母，也会将这段不幸的婚姻维持下去。

这里虽然举的是婚姻课题的例子，但实际上，对所有的人际关系课题来说都是一样的，我们要想获得幸福生活，就**不要踏足他人的人生课题**。

所有关于人际关系的纠纷，可以说都是因为自己干涉了他人的人生课题或者自己的人生课题被他人干涉了。

因此，我们最好不要掺和他人的课题，除非是他人寻求我们的帮助。对于他人的课题，如果实在想帮忙的话，我们应该先询问下对方"有什么是我可以帮忙的吗"。只要对方没有回应，多数情况下明智的做法还是老老实实地做一名旁观者。

克服自卑感

接下来，我们来深入分析一下"工作课题"。

从个人来看，人不工作就无法生存；而从整体来看，要延续整个人类的生存，所有人都必须通过工作来做出自己应有的贡献。如果人们什么都不做就能获取自身所需的东西的话，懒惰将变成一种美德，而勤奋就成了缺德。因此，为了这个世界的存续，我们必须工作、合作、贡献。

阿德勒说："有人在制作鞋子的过程中，能够感到自己对他人是有帮助的，对社会是有用的。人只有感受到这一点，才能缓解自己的自卑感。"

家务也是一种工作，而且是一种专业化程度很高的工作。如果我们在做家务的过程中感觉到了自己为这个家所做的贡献，那么即使没有人对自己表示感谢，我们心里也会舒服很多。

尽管有人认为某项工作只有自己才能胜任，但事实上，在任何工作中都没有人是不可替代的，这就意味着人们可以不用把所有的事情都一力承担。但同时，不管从事什么工作，你都必须要有一种自己无法被取代的工作自豪感。要拥有这种自豪感，首先需要做到的就是我们前面提到的，能够感受到自己做这份工作可以为他人带来帮助。

对护士来说，某名患者可能只是自己接触的众多患者中的一员；但对这名患者来说，住院并不是常态，他在这期间接触到的一名护士，可能对自己的人生产生很大影响。如果每名护士都能意识到这一点，并带着这种自豪感去努力工作的话，就不会感到自己的工作是痛苦的了。

信心决定成败

即使抱着强烈的自尊心去努力工作，我们也会有做不到的或是很难做到的事情。尽管如此，我们也不能从一开始或是在刚刚着手去做时，就因觉得自己做不到而放弃。

阿德勒曾引用过古罗马著名诗人维吉尔的一句话："他们之所以做得到，是因为他们认为自己能够做到。"当然，这并不是某种唯心主义，阿德勒是用这句话来说明低估自己会导致恶果。人如果低估自己，就会认定"已经做不到了"并提早放弃。而且，倘若这成为一种思维定式，就会导致自己一直在原地踏步，无法再取得任何进步。但实际上，我们很多时候并不是真的做不到了，而是**因为自身"做不到"的思维定式而提前放弃了**。

阿德勒曾与一名叫作罗伯特的少年有一段对话。这名少年才十一岁，却认为自己什么都做不到。

阿德勒："你学过游泳吗？"

罗伯特："嗯。"

阿德勒："那你还记得当初学游泳时的辛苦吗？现在游得这么好，你一定学习了很长时间吧。不管做什么，一开始都会很辛苦，但是经过一段时间的努力后，就会做得很好。在这个过程中，一定要集中精力，受得住辛苦，不要总是期待妈妈来帮助自己。我相信你能做到的，不要因为他人做得比你好而动摇。"

在这段对话中，阿德勒提到了"不要总是期待妈妈来帮助自己"，以此来告诉这名少年，自己的问题基本上只能靠自己来解决。当然，就像前面提到的，有些情况下我们也需要向他人求助。

不要竞争

阿德勒在上面这段话中还提到"不要因为他人做得比你好而动摇"。在现代社会中，把自己与他人进行比较、与他人竞争都是理所当然的。但阿德勒并不这么认为。在阿德勒看来，竞争会导致我们很难把他人看作伙伴，也就导致我们很难与他人合作，为他人做贡献。

和那些总想着为他人付出的人不同，有些人努力是为了炫耀自己比他人优秀，有些人则期望通过竞争获得他人的认可。这些人不关心他人，只关心自己。另外，站在整个社会角度来看，人们在竞争中有输有赢，正负抵消，对社会整体来说并没有什么影响。

无论何种人际关系，在竞争中败下阵来的一方必然会受到精神上的打击，从而影响到精神健康。那么在竞争中获胜的一方是不是就能获得精神上的稳定呢？其实并不是。竞争中获胜的一方也会背负必须一直赢下去的压力，如果不能保证这一点，他们也无法安心。

对这些人来说，他人都是敌人，这个世界充满危险。**真正优秀的人不需要证明自己很优秀**，而那些认为必须证明自己的人，正是觉得自己现在不够优秀。对任何事情来说，当其需要做出证明，就代表着其与目标相距甚远。

阿德勒认为，人们不能只为了自己的幸福而去打击他人。有人想炫耀自己过得好，有人想向他人炫耀自己的优秀，这需要他们拿出成果去证明这些事。这些行为会带来很多问题。

在我看来，很多人不关心某个人是否拥有直面困难、克服困难的能力，因为这些是看不见的；他们更看重那些看得见的成功的结果。但是正如阿德勒所说，"不费吹灰之力就能获取的成功就是空中楼阁，很容易走向灭亡。"

有人认为有钱可以为所欲为。虽然公开这么说会招来很多反对的声音，但事实就是很多人都认为有钱就能幸福。

然而，现实中我们应该也听到过这样的例子：某人因为运气好一夜暴富，最终却落得一个身败名裂的下场，之后的日子过得很不如意。所以说，有钱本身不是什么问题，但是如果不懂得如何正确利用金钱，那么即使再有钱也不会获得幸福。

内村鉴三在演讲《给后世的最宝贵遗产》中提到了美国金融从业者杰伊·古尔德的例子。内村谈到人们离开这个世界后能够留给后人哪些遗产时，也将金钱排在了第一位。内村不会贬低金钱，但并不认可人们可以不择手段地去获取金钱。古尔德为了赚取两千万美元，迫使四个好友自杀，让半数的华尔街投资者破产，这是反面典型。而且内村也提到，古尔德留下的遗产一分钱都没有用于慈善事业，而是全都留给自己的孩子们终身享用。

用阿德勒的话来说，金钱本身不是问题，有问题的是为了满足追求个人优越感的野心而去花钱的行为。

做喜欢的事情不需要强迫

经常有人在回忆过去时说自己年轻时候不怎么学习，但我认为大家不能被这样的话迷惑。我曾教一名高中女生学习英语，她的目标是成为一名钢琴家，为此她从三岁就开始练琴。有一次，我问了她几个问题。

"你有想过放弃弹钢琴吗？"

"一次也没有。"

"那你有没有偶尔觉得学习钢琴很辛苦？"

"一次也没有。"

这名女生没有被强迫学钢琴，她可以在良好的环境中快乐地弹钢琴，所以她才会下定决心走钢琴家的道路。只要是自己真正喜欢的事情，为之努力就不会觉得痛苦。如果老师和父母认为功课和音乐课程都必须咬紧牙关坚持下去，并给孩子施加压力，就会让孩子忘了学习的乐趣，感觉学习是一件痛苦的事。

从学习角度来说，为了能够考出好成绩，学生被父母、老师反复鞭策，所以有些学生可能感受不到学习的乐趣。但我认为，学习自己未掌握的事物本来就是件快乐的事情，确实值得我们为之付出努力。

如果从哪一门课程中都感受不到快乐，觉得学起来很困难的话，就不要勉强自己了。每个人的能力都有极限，但这个极限不是外界施加给我们的，而是我们自己给自己定的。

无论是钢琴家还是学生，抑或是每天努力工作的人，他们存在的意义各不相同，但正因为他们都拥有为他人做出贡献的目标，所以才能如此努力。如果一个人的目光只放在与他人的竞争上，觉得学习和工作都很辛苦，那就放弃好了。

职业这个单词在英语和德语中分别写作"calling"和"beruf"，意思是受到神的召唤或受到某种召唤的意思。不管发出召唤的是不是神，我认为我们会**从事某种职业**并不是受外界强制的，也不是与他人竞争的行为，**而是一种谁都无法阻止的发自内心的渴望**。

著名诗人里尔克曾在信中问一名年轻诗人："请在夜深人静时，扪心自问，自己非写（诗）不行吗？"对于这个问题，如果你能有力而干脆地回答"我非写不可"，那么你就根据这种需要创造自己的生活吧。对里尔克来说，为了功名利禄写诗是他无法接受的。

失败并不可怕

对只考虑为他人做贡献的人来说，面对自己的人生课题，他们即使失败了也不会害怕，因为他们不会在意"失败了会得到怎样的评价"。

害怕失败的人只活在"只要我想做就肯定能做到"的可能性中，拿不出实际的成果。因为只关心自己的人害怕听到他人对自己的评价，而没有结果就没有失败，他们借此来逃避失败。相反，关心他人的人在碰到问题时，会从能做得到的地方做起，一点一滴地去解决。

阿德勒把这种勇气称作**"不完全的勇气""失败的勇气"**。不是说失败是好事，但是比起害怕失败、不敢跨出第一步去解决问题，能够试着解决问题要好多了。

上文提到，害怕失败的人在课题面前会表现出犹疑态度，习惯性地说出"确实……，但是……"，他们一旦在面对课题时表现出了这种态度，就总能找到"但是……"后面的理由。如果只从"确实……"这个解决问题的角度看，有些事情我们认为能做到，有些事情我们认为做不到。我们需要知道的是，在很多情况下，人们之所以不确定自己是否有能力解决某一问题，是因为自己给自己设置了一个能力的极限。

这里我们提到的失败，并不仅仅是针对工作课题来说的，对其他的与人际关系相关的课题来说同样适用。失败会产生挫折感，遗憾的是我们的人生中经常会遭遇失败。然而，我们可以从失败中不断学习、不断成长。无论在交友关系还是恋爱关系中，自己的想法不能很好地传达给对方，从而导致误解甚至争执，这些经历都会成为促进我们成长的宝贵"食粮"。

在我们与他人产生误解或争执的情况下，他人在我们面前就是对立的一方。这种对立也让我们了解到世界上有很多和自己想法不同的人，促使我们培养之前提到的共鸣能力，最终成为使我们摆脱以自我为中心的世界观的强大力量。

退出权力之争

如果我们不想与人竞争，就必然会从权力之争中退出来。当然，一个巴掌拍不响，吵架从来不是一个人的事情。假如我们对对方的言行真心感到生气，也就代表着我们跳入了对方挑起的权力之争。

即使我们没有陷入愤怒的情绪中，但只要我们在某件事情上固执己见，那我们就进入了权力的斗争中。人际交往中重要的是保持与他人的良好关系，即使最终证明我们在某件事情上的意见确实是对的，但如果因此与他人决裂的话，这种争执也是毫无意义的。

此外，在这种权力斗争关系中，核心问题不是引发争论的问题本身正确与否，而是围绕探讨问题正确性所形成的人际关系。问题的正确与否无关输赢。因此，如果我们最初提出的某个主张经过探讨后被证明是错误的，我们就会大方承认自己的错误；但陷入权力斗争中的人会认为，承认错误就代表自己输了。

有这种想法的人会把输赢看作重中之重，即使知道自己错了，也会因为拒绝认输而自断后路，并做出不利的决定。

有人认为解决问题是最重要的；而陷入权力之争的人认为，与解决问题相比，围绕解决问题所产生的人际关系是最重要的。对后一种人来说，他们并不关心问题本身，反而会拘泥于解决问题的程序。

例如，有人会对他人事前没有征得自己同意、事后来补批准程序的行为感到不高兴。对他们来说，即使事情得到了合理的解决，但是如果解决过程中存在先斩后奏的情况，他们也会感到生气。

对陷入权力之争的人来说，即使自己错了，他们也会因为想赢怕输的心理而固执己见；或者对于一些从解决问题角度来看本不该妥协的事情，他们也会因为害怕损害与对方的关系而放弃自己的主张。

经常有人因为与上述这种只重视人际关系而不重视问题本身的人发生纠纷而前来找我咨询，我会支持他们坚持自身的做法，也就是重视解决问题本身甚于人际关系。例如，和谁结婚是他们自己的问题，不是父母的问题，不管父母说什么，只要自己判断后做出决定就好。

当然，从另一方面看，如果与父母交谈后发现自己错了，你就大方地承认错误，不要认为这是输给了父母。如果做不到这点，就意味着你和那些只重视人际关系的人一样，不是看重解决问题本身，而更看重围绕问题所产生的人际关系，认为承认自己的错误就代表着失败。

此外，如果我们不从这种权力之争中退出来，反而固执己见，非要战胜对方的话，对方就会对此进行报复。假如事情发展到了报复阶段，我们有可能不会因对方的报复而生气，而是会厌恶并质疑对方这么做的动机。

有位老师在七年半的时间里，每天晚上都会接到一个无声的电话。有一天，这位老师的脑海里突然浮现出一名学生的面容，他认为经常打来电话的可能就是这名学生。这天，同往常一样，他又接到了这个电话，拿起听筒后对方依然一句话也不说。于是他下定决心问道："某某？"

电话那头传来了回应："是我。"

两人的关系发展到报复阶段，而年轻人单方面处于不利地位，这让人看了十分痛心。

不过，即便这种报复行为没有给老师带来太大困扰，这位老师的反应也太迟钝了。我在想，除了连续七年半打无声电话的方式，这名学生就没有想想还有什么其他更好的手段来报复吗？

表达自己的主张

那么，到底应该怎么办才好呢？如果不采取报复手段，就只能明确地用语言表达自己的主张，想让对方做什么，不想让对方做什么，都明确地表达出来。具体实施的话要像我们之前提到的那样，用请求而不是命令的方式来拜托他人。不过人们之间的关系是平等的，所以对方有拒绝的权利。如果对方拒绝了，那就放弃吧。

但是，很多时候我们以不恰当的方式提出了请求，比如声音粗暴、以势压人等。而有时候，虽然我们没有这样做，但如果我们是以一种"俯视"的态度跟其他人交流，那么对方即使知道我们的观点是正确的也会拒绝接受。因为在他们看来，如果接受了就代表自己输了。

假如人们特别注意地使用了正确的方式和方法把自己的主张说了出来，但对方依旧拒绝，那也不需要感情用事。人们可能会因对方的拒绝而愤怒，但这并不是自己声音粗暴的真正原因。真正的原因是，人们为了让对方承认自己的想法并按自己的要求去行动，而把愤怒的感情作为一种手段表现了出来。确实，如果人们用粗鲁的语言迫使对方就范，对方可能会因害怕胆怯而听从，但他们的心情肯定会很不爽。

这种人用生气的手段成功迫使他人屈从，他们不会想到这种行为会破坏自己和他人的关系，因此在之后与人交流的过程中依然会使用这种手段。对这些人来说，即使采用这种手段没有成功，他们也不会换个方式来表达自己的主张。他们会想，自己如果变得更生气一点儿，会不会就能迫使对方改变心意，按自己说的去做呢？

但是，人们真的没必要感情用事，采取用力摔门之类的方式表达自己的主张。只需要用语言表达自己希望或不希望对方做什么，至少告知对方自己生气了，比如"你说的话让我很生气（很受伤）"之类。

愤怒导致人际关系的疏远

当两个人交流顺畅的时候，彼此都会感觉对方很亲近。相反，当两个人感情用事、大声争吵时，彼此都会觉得关系疏远了。人们在存在争吵的情况下，彼此都很难接纳对方。

恋爱这种感情与其他感情不同。与其说是某一天的突然心动促使双方走到一起，不如说是两人在保持良好沟通的过程中，某一瞬间感受到了彼此之间的爱意。但当两人之间被愤怒的感情充斥时，爱情就已经不存在了。

如果双方之间夹杂着愤怒的情感，即使双方都有和好如初的意愿，距离也会不自觉地变远，这种意愿自然也就成了泡影。如果双方之间距离疏远，就不会轻易接受彼此的主张。即使对方接受了自己的主张，也不会是心甘情愿。而如果和对方的心理距离过远的话，越是正确的主张对方越难接受，因为接受就代表着认输。

阿德勒说过:"愤怒是一种离间人与人之间关系的情感。"我们想主张什么并让对方愉快地接受,就要搞好和对方的关系,拉近彼此的距离。从这个意义上说,愤怒毫无用处。

这让我想起了我曾对父亲大声吼叫的一次经历。这件事的起因是父亲干预了我的人生课题,那是我有生以来第一次对父亲大声说话。话说出口后我自己都感觉很震惊,也很快就意识到这是不对的。

于是,我对父亲说道:"我觉得我们现在的谈话方式就像是上级对下级。"

我不知道父亲能不能理解我的这种还不错的解决方法。父亲是这么回答的:"也许是我的说话方式不太好。"

之后,父亲用温和的语气给我讲了他年轻时的一段故事。在这之前,我从没听他提起过这段经历。

承担责任

如上文所述，不想面对并竭尽所能逃避人生课题的人很多。但是**人生课题只能由自己来解决**。在面对人生课题时不逃避，坚定说出"我来做"的人都是勇于担当的人。

一个人生看起来不是很如意、偶尔想逃避那些属于自己的人生课题的人，如果被问到"谁来承担这个课题"时，也只能回答"我来"，而这个课题就是他必须承担的"责任"。责任这个词在英语中是"responsibility"，意思是"应对能力"。人们往往会提出各种各样的理由来逃避人生课题；但当无法逃避时，能够回答"好，我会做的"，这就是承担责任。

人们为了回避人生课题可以找很多理由。但是，不再把自己的艰难现状归咎于他人，停止从过往的各种事情中找原因，肩负起自己人生的责任，这是幸福生活所必需的。

当然，有些人嘴上说着承担责任很重要，但真到了实际行动时却很难做到。例如，有人因为害怕他人讨厌自己而处处迎合他人的想法，他们也可以说是没有承担自己的责任，因为**坚持正确的主张也是自身的责任之一**。在很多情况下，如果我们坚持己见不让步，就不可避免地会与那些持不同想法的人发生摩擦。

在这种情况下，即使很多人提出反对意见，我们也不能妥协。坚持正确的主张会不被他人喜欢，但承受这种不被喜欢也是我们人生中所必须负担的责任。只有不在意他人的评价，不惧怕被他人讨厌，才能过上自由的生活。

换个角度看，有人讨厌我们就是我们活得自由的证明，也可以说这是我们为了自由生活所必须付出的代价。

可能大家都喜欢那些对谁都和颜悦色、与谁都相处融洽的人。但当周围的人发现你见人说人话、见鬼说鬼话时，就不会再信任你，你也就成了孤家寡人。

因为一个人如果没有自己的想法、处处迎合他人，这也就意味着他对自己所说的话不负责任，这样的人本身也是一个不负责任的人。

我们在前面举的例子中曾提到，孩子的课题必须由孩子自己来解决，但与此同时，孩子也必须为自己的判断和选择承担责任。当然，如果这种选择伤害了父母的感情，那是父母需要面对的课题，没必要让孩子来承担。即使父母对孩子的选择感到不高兴，孩子也不能因此而改变自己的决定，因为这种失望情绪是父母自己必须想办法克服的。

有人认为自己察言观色是为了在某些场合下不破坏当时的融洽氛围。但这么做的最终结果是，即使自己有想法也没有摆到明面上。当然你可以将其归咎于当时的状况，但这依然是一种不负责任的行为。

有人认为察言观色重要，这是因为他们只看重协调能力。有时候我们被要求在他人沉默的时候也能准确理解他人的意思。如果你觉得这样的要求很奇怪，那就既不要察言观色，也不要保持沉默，而要勇敢地提出自己的主张。尽管自己的主张或多或少会引起争议，但如果什么都不主张或是间接主张，自己的主张就无法被人们准确理解。比如，我们因为天气很热而想要他人帮忙打开空调，这时我们不直接说"请帮我打开空调好吗"，而是说"今天好热啊"，就是所谓的间接主张。虽然我们这么说，他人也可能懂了我们的意思而把空调打开，但很多情况下人们可能不会准确理解，所以对于重要的事情，还是不要拐弯抹角比较好。

提出自己的主张可能会造成与他人的摩擦，也可能不被他人接受，但这些都不重要，最重要的一点是，提出主张是让人际关系变得更好的突破口。

提出自己的主张是非常必要的事情，如果某人考虑到自己的主张会导致摩擦而沉默不言，就说明这个人只关心自己。不管我们提出什么主张，都不可能获得所有人的赞同，总有反对的声音出现。而我们在必要的时候坚持自己的主张，会让很多人因此受益，这也就代表着我们为他人做出了贡献。

拥有贡献感的意义

在此之前，我多次使用了"贡献"这个词。不过也可能存在无法或不想做出贡献的人。

关于这一点，我之前也提到过。例如，对父母来说，孩子即使没有做什么特别的事情，他们的存在本身也是贡献。关于实际上没有做出贡献，但却让人有"贡献（感）"这件事，我在下一章分析"老和病"时还会详细分析。

在这一章中，我们着重叙述了关于工作的事情。但事实上，也确实有人无法工作。工作是带有生产性的，但并不是只有生产性才能体现人生的价值。

我曾经从事过精神科的日间护理工作。那时，我每天的工作就是和患者们一起去买东西，做午饭。我也曾和健康的人们一起出去买菜做饭。当食材买回来后，大部分的人都因身体不太舒服而躺下休息了，并没有帮忙做饭。但是那些做饭的人并不介意这种事情，大家都兴高采烈地努力展现自己的厨艺。

不久之后饭准备好了，帮忙做饭的人和没有帮忙的人都凑在一起享用美食，没有人会因为不帮忙而没饭吃。人们知道，自己总会有状态不好无法帮忙的时候，健康的时候努力伸出援手，状态不好的时候就免于工作，这是人们所默许的。我觉得，从一个社会整体来说，有这样不工作的人也不是一件坏事。对于"人不具备生产性就没有价值"这句话，我认为我们还需要再进一步探讨。

从个人角度来说，我们并不是要把所有时间都用在工作上，娱乐也是很重要且很必要的一件事。如果说工作是人生的生产部分，那么娱乐就是人生的非生产部分。关于娱乐的问题，我们将在第五章进行分析。

第四章

如何应对衰老、疾病和死亡

感觉自己变老会带来什么

年轻人可能认为"衰老"二字和自己不沾边，但即便是年轻人也会有生病的时候，而生病可能导致无法自由地活动身体。这种身体能力的丧失感会让年轻人经历一次急剧"老化"的过程。

我五十岁时曾因心肌梗死而晕倒。心肌梗死与其说是心脏病，不如说是一种血管病，它往往是由血管老化引起的。动脉硬化和狭窄都是血管老化的表现，这种变化是不可逆的、无法复原的，因心梗而坏死的心肌也无法恢复原状。

哪怕不会得这种病，我们也迟早要面临衰老的问题。但是什么时候感觉自己老了，则是因人而异的。我的父亲在已经说不上是年轻的年纪时还非常讨厌有人在电车里给他让座。随着年龄的增长，人们的牙齿开始松动，出现老花眼，脸上也爬满了皱纹。到了这个时候，我们不可能意识不到自己变老了。

年龄的增长带来的不仅仅是身体衰弱的问题，连记忆力都会受影响，我们将变得很健忘。当然，年轻人也有忘记东西的时候，可当我们遗忘的频率不断增加，甚至开始忘记一些重要的事情而阻碍正常工作的时候，记忆力的衰退就成了我们不得不面对的严重问题。

我的父亲从很早开始就对我诉说他健忘症的严重程度。他曾说过："假如能发现自己忘记了某件事情还好，就怕大家都发现我忘了某件事，只有我自己不知道。"不久之后，我父亲就得了阿尔茨海默病（老年痴呆症）。后来的日子里，他连曾经对健忘的恐惧都意识不到了。

即使年龄增长，这样的记忆障碍也不是一定就会出现。但如果忘记的事情越来越多，甚至年轻人也会害怕自己患上阿尔茨海默病。关于这种病症，医学上还有很多没有破解的问题，就算人们努力预防，也不一定有效果。

正如上文提到的，人们很早就能意识到自己变老了。阿德勒指出，**人们一旦意识到自己老了，就会低估自己，这会让人产生强烈的自卑感。**

再谈归属感

上班族在意识到自己变老后，过不了多久也就到了退休的年龄。即使有的工作没有退休年龄一说，但如果发觉自身能力下降，人们也会改变自己的工作内容和强度。虽然每个人做出这一改变的时间不同，但都是迟早的事。

老年人的问题并不在于能力衰退本身。阿德勒曾提到，在评价一个人的价值时，其工作能力的价值几乎是决定性的。在一个工作能力强弱决定地位高低的社会中，离开工作岗位也就意味着丧失了人生价值。因此，老年人在离开工作岗位后会度过一段失意的日子。

此时，那些认为自己已经没有价值、人们已经不再需要自己的人会走向两种极端：一种是极度慈祥，对孩子们提出的任何要求都不拒绝；另一种是极度严苛，变成一名严厉的批评家。

我们在上文中曾提到，**归属感是一种"我在这里很好"的情感**，这是人类最基本的欲望之一。而对长年劳碌在工作岗位上的人来说，突然间不再工作会很难适应，退休将成为其人生的一大危机。

就算一个人一直很期待退休后的悠闲生活，在他真的退下来后，面对曾经一起长期奋斗过的团队，当他意识到自己已经不是其中一员时，心理的不适会比想象中还要严重得多。此外，人们因退休而离开工作岗位时都已不再年轻了，哪怕身体没什么毛病，倘若对自己的健康没有信心，也会觉得可做的事情不多了。

城山三郎曾说过，像这样的"无归属时间"其实是"让人们从社会中摆脱出来、拥有更广阔施展空间的时间"，人们可能需要一些时间才能明白这一点。那么，该怎么办才好呢？

不同于年轻时的贡献感

第二章提到，阿德勒曾说过"重要的不是我们被给予了什么，而是我们如何利用被给予的东西"。而古罗马哲学家马库斯·图利乌斯·西塞罗也有过类似的表述："老年人不要想着再拥有年轻时候的力气，就像年轻人也不要想着拥有能与牛和大象比肩的力气一样，这些都是不现实的；我们要做的是利用好现有的资源，无论做什么都量力而行。"

还有一种说法是人们的智力会随着年龄的增长而衰退。但是，随着年龄的增长，人们对人生和世界的理解也会变得更加深刻，不会有像须贺敦子笔下的"年轻时候用脑部肌肉（假如脑部有肌肉的话）硬啃书籍"之类的做法。

虽然老年人不再拥有通宵熬夜的体力和废寝忘食的精力，但如果我们仅仅因为自己不再年轻而神伤，因为自己无法做到年轻时能做到的事而长吁短叹，却又什么也不做的话，那我们就只会原地踏步，于事无补。

之前我引用了维吉尔的名言"他们之所以做得到，是因为他们认为自己能够做到"，因此，我们需要重新思考一下是否存在这样的现象——某件事情在老年人的能力范围之内，但他们想要着手做的时候，反而把年龄当作借口，他们明明能够做到，却深信自己无法做到。

瀬户内寂听、唐纳德·基恩、鹤见俊辅在他们八十一岁时进行的一次谈话被整理成为《生活在同一时代》一书[1]。整本书可以说是一场知识盛宴，其体现的思想深度是年轻人所不具备的。

即便如此，随着岁月的流逝，我们年轻时能做到、年老时却无能为力的事情会逐渐增多，这的确是事实。但此时，我们也不要悲叹失去的青春，而是要试着去感受一下，自己能以什么方式为周围的人做出贡献。

对老年人来说，自身的价值可能不会像以前那样显而易见，为大家所熟知。但即便做不到一些特殊的事情，老年人也不能认为自己的价值就此消减。做到这一点可能需要一些勇气，关于这件事，我会在之后

1　他们都出生于 1922 年，谈话时间为 2003 年。原书名为《同時代を生きて》。——译者注

分析疾病时具体阐述。

如何看待衰老取决于生活风格

　　人们并不能用同样的方式接受衰老这一事实。

　　阿德勒在《生命的意义》中曾说过，更年期不一定是危机，但有些女性一直以来只把年轻貌美当作女性价值的体现，到了更年期，"她们会觉得其他人看待自己的眼光都变了，就好像自己做了什么错事一样，并对他人抱有充满敌意的防御态度，她们自身也因此变得痛苦不已，有的人甚至患上了抑郁症。"然而，并非所有的女性都像这些人一样，把年龄和容颜当作女性价值的一切。

　　柏拉图在《理想国》中记录了这样一段故事。苏格拉底与一位名叫凯帕洛的虔诚忠厚的老人探讨了关于老年的烦恼。凯帕洛说，人一旦上了年纪，就喜欢惋惜那些年轻时的幸福时光，回忆并追思往昔的男欢女爱、饮酒作乐、华筵盛会，抱怨和叹息如今的日子死气沉沉；而他们的家人、亲属看到他们日渐老去，也会轻慢和凌辱他们。

随后，凯帕洛对苏格拉底说："我觉得这些人并没有找到自己不幸遭遇的真正原因。"

如果年老是不幸的原因，凯帕洛自己应该也会经历这些，可现实却不是这样的。

凯帕洛接着说："亲爱的苏格拉底，造成这些不幸的真正原因不是年老，而是**人的品格**。假如一个人是明智谦恭的、随和知足的，那么即使变成老人，他也只是略有不便而已。而如果他不是，那么，亲爱的苏格拉底，无论垂垂老矣还是青春年少，对于这样的人都是难堪的。"

阿德勒指出，**无论是衰老还是疾病，甚至是死亡，每个人如何看待这些问题取决于他的生活风格。**阿德勒曾说过："很多人把身体的急剧衰弱或内心的动摇看作自己马上要从世间完全消失（死亡）的证据，并因此而感到害怕。"

我们将在下文探讨关于死亡的话题。但我在这里先声明一下，阿德勒并不认为人死之后会完全消失，我们需要好好地思考一下这句话的意思。

生病之时

与衰老不同，人们不知道疾病什么时候会到来。虽然年轻人患病去世并不常见，但是病痛本身和年龄没有关系。

人在健康的时候，往往感觉整个人和身体是一体的，因此经常忽略身体的存在。然而一旦生病，人们就不自觉地开始关注自己的身体，哪怕仅仅是被纸划伤了手指，看到伤口也会感觉疼痛，并且很难将注意力转向其他地方。

但是，有时即使身体报警了，我们也无法正确理解身体所发出的信号，而是按照自己的理解去解释。

在我因心肌梗死倒下前，其实我的身体已经出现很多前兆了，比如没办法快速行走，可我自认为是运动量不足导致肌肉力量下降，就没有把这种异常放在心上。此后，我的血压一直居高不下，晚上经常失眠，但我一直无视这些问题，用一些自以为是的说法来解释这种身体的异常。

我们有时会突然觉得有人在注视着自己，抬起头来便对上一个陌生人的目光。这个时候，对方肯定是想在我们注意到之前收回目光，但身体的反应存在时差，这一延迟就导致了四目相对的情况出现。和这一情形一样，身体的警告和我们的正确理解之间也有时差。有的时候，这种时差是致命的。

很多情况下，我们并不是完全没有意识到事情的严重性。实际上，正是因为意识到了，所以我们才拒绝了家人的就诊建议。

瑞士的精神科医生伊丽莎白·屈布勒 – 罗斯提出了人们面对死亡的五个阶段。在第一阶段，病人即使被医生明确告知得了不治之症也会试图否认："这不可能，肯定不是我。我不可能会得这样的病。"

当然，也有人能够很快地回应身体发出的信号。正如日语中"一病息灾"（意思是有点小病反而长寿）这个词所说的，有的人只要身体一有异常就会马上就诊，在病情被耽误之前想办法解决问题。

不管怎么说，没有人能在一生中一次病痛都不经历，对那些不听身体警告的人来说，病痛只是人生中的一段小插曲。

无论我们自我感觉多么健康，病痛都会不期而至，这是无法避免的，**生病并不是因为运气不好**。

荷兰精神病理学家范登贝尔赫曾经说过，"即使是真正健康的人也有容易受伤的身体，而他们自己也注意到了这个问题。"如果一个人在生病之前没有意识到这一点，那么当病痛真的来临时，他就会明白病痛意味着什么了。当然，没有人希望生病，自己最好是无病无灾地生活下去。

我现在还时常记起因心肌梗死住院期间护士对我说过的一些话:"你这次运气好才被救过来了,很多人都没挺过去。但是,为了今后考虑,你还是好好休息吧,你还这么年轻,我期待你重获新生,加油!"

既然说"重获新生",那便不能再活回过去的样子了。所以我下定决心改变生活方式,远离生病以前那样的生活。

要想重获新生,就要正确地看待生病这件事,懂得生病的后果最终还是要由自己来承担,即使幸运地得到治愈,也不能好了伤疤忘了疼,要知道痊愈之后随时有可能再次发病。我们要勇于面对疾病,决不逃避,正确回应身体发出的生病信号。

在上一章中我们讨论了"责任"的问题,就疾病而言,对于身体发出的生病信号,假如我们有能力(ability)去回应(response),那就意味着我们要承担起应有的责任(responsibility)。但对于我们没办法回应的信号,我们就没有责任了。

从疾病中恢复

从疾病中恢复意味着什么呢？人们在健康的时候可能不会对自己的身体特别关注。当然，我们偶尔也出现头痛、胃痛、肩周炎等小毛病，但这些小毛病的疼痛不会持续很长时间，不久就能恢复。

然而，假如疼痛长期不消，或者使人感受到前所未有的剧痛，人们就会怀疑自己得了什么不治之症。有些人不愿接受这一现实，妄图逃避，于是他们故意无视身体发出的这些信号。但当身体上的疼痛发展到让人难以忍受、想把注意力从病痛上移开片刻都做不到的时候，我们的身体就会被病痛支配。

那么，疾病的恢复过程是不是一种与疾病侵袭相反的过程呢？换句话说，是不是恢复到身体没什么异样，不再需要特别关注的时候就意味着我们彻底从病痛中走出来了呢？

这么说并不一定是错的，但我认为如果不能正确地看待自己的身体，那么就像之前护士对我说的一样，"这次运气好才被救过来了"。

确实，一般来说，我们从病痛中摆脱出来，身体没有异样了，就代表我们的身体恢复了。但是，也有很多人恢复后不注意调整生活方式，再次陷入病痛之中，甚至有些人在心肌梗死的"鬼门关"走了一遭后，也不能彻底地把烟戒掉，没多久便重新开始抽烟。此外，还有些心梗患者在住院期间和出院后的一段时间内尚能在饮食方面保持节制，可随后很快就恢复到跟以前一样的饮食习惯，体重也迅速反弹回治疗前的水平。

除了以上治疗后掉以轻心的情况外，有些时候即使病痛已经治愈，我们的身体也很难恢复到生病之前那种毫无异样的程度。如果真的能毫无异样当然是最好的，但这可能只是奢望。

因此，人们不能认为只要疾病痊愈后身体回到病前状态就万事大吉了，重要的是要意识到生病是难以避免的，为了降低生病的概率，我们需要注意很多在生病之前没有注意到的细节。这也意味着，只有当我们能在生病之后看到与以往不同的人生，才算从疾病中真正走了出来。

免疫学家多田富雄说过一句话："有一天，我的大脑突然灵光一现。"多田因为脑梗死而右侧半身不遂，并且再也不能发出声音。人之所以会手脚瘫痪，是因为脑梗死导致了脑神经细胞缺血死亡，这是不可逆的损伤。手脚功能恢复的条件不是让脑神经复原，**而是创造新的脑神经**。面对这种情况，多田说现在的自己已经换了一个人，诞生了新的自我。

多田富雄在《沉默的巨人》中写道："现在的我虽然软弱而迟钝，但我感觉无限的可能性正在我的心中秘密萌发着，现在的我就像是被束缚着的沉默的巨人。"

康复不仅仅代表身体机能的恢复训练。在拉丁语中，康复（rehabilitare）一词的意思并不是复原，而是再次（re-）给予能力（habilitare）。可问题是恢复的是哪种能力呢？一般意义上的康复如果仅仅意味着身体机能的恢复，那么一旦身体机能失去复原的希望，患者就会放弃治疗。

即使是很难用肉眼察觉到恢复效果的病例，在某种意义上也是可以重获新生的，借用多田的话来说，我们有可能再造新的人生。

很多时候，从疾病中恢复并不代表身体能够回到生病前的状态。对我来说，生病这件事本身并不是什么好事，让我失去了很多东西；但生病也让我强烈地感受到了"新的人生"的觉醒。

生病的意义

我刚才说过，生病本身是一件坏事，人们绝对不想生病。可即便如此，这个世界上还是每天都有很多生病的人，很多疾病的患病原因也并不明朗。每当听到有人因病去世的消息，我都感到悲痛万分。

有一本书叫作《为何只有我受苦——现代约伯记》，作者哈罗德·库什纳是一名犹太教拉比，他有一个三岁的儿子患上了罕见的疾病，被宣告只剩下十几年的寿命了。面对这种不合理的现实，库什纳不禁向自己所信仰的神发问："为什么我的儿子一定要遭遇这种不幸呢？"

虽然不是自己的亲身经历，但有时我们也会想，为什么有些无辜的人仅仅是偶然路过一个行凶现场，却被歹徒刺伤了呢？听到自己的同龄人病倒了，我们也会设身处地地为其感到遗憾。我想很多人都曾有过类似的经历吧。

那么，人们发生这些不幸的事是因为他们所信仰的神无法兼顾至善与全能吗？当被问到这个问题时，库什纳答道，不幸之事并不是神的过错，神不是无所不能的；另外，疾病和不幸既不是上帝为了惩罚人们而降下的，也不是上帝远大计划的一部分。随后，库什纳问道："既然现在已经这样了，我今后该怎么办呢？"这并不是让人们被动地接受现状。库什纳说，人们应该学会将关注的焦点从过去的痛苦中转移出来，也就是不再追问"为什么我会遭遇这样的事情"，而是将目光投向未来。

就算是神也不能阻止悲剧的发生。库什纳问道："除了神之外，我们还能从哪里汲取这种力量呢？"库什纳是犹太教拉比，自然会想到神。但即使不把神搬出来，人们也会被那些从疾病、事故、灾难中挺过来的人们感动，并从中获得力量。

话又说回来，生病本身就是这么一件不讲理的事情，追究为什么会得病没有意义。以我自身的经验来说，我最开始获知病情时，也曾像屈布勒－罗斯所说的那样，试图"否认"自己生病这件事，因为我既不抽烟也不喝酒，为什么年纪轻轻就会得这个病呢？

生命本身的可贵

人们只有生病之后才知道健康的可贵。但是谈论健康的可贵，是以重新恢复健康为前提的。

小说家北条民雄[1]借他作品中的人物"尾田高雄"说，他自从得了麻风病，眼中只剩下了"对生命的热爱"，深深意识到了"生命本身的可贵"。受限于当时的医疗水平，麻风病并没有什么有效的药物和治疗手段。为防止传染，麻风病患者被强制隔离生活。绝望的"尾田"在逃离隔离场所后发现了一棵树，并打算利用这棵树自杀，但是失败了。这件事之后，"尾田"求死的想法动摇了。他说："当把松动的绳子从脖子上取下来后，我深深地松了一口气。"在这之后，他完全没有了自杀的打算。

1　日本小说家，因患麻风病死于麻风病院。其作品《生命的初夜》讲述了一个麻风病人尾田高雄的心路历程。——译者注

对患者来说，如果疾病没有治愈的希望，他们最在意的可能不是健康的可贵（因为健康已经无法挽回），而是北条所说的"生命本身的可贵"。

无时间的岸边——活在当下

理解了以上所讲的事情之后，就算由于生病，身体无法恢复到之前的状态，我们也可以思考一下能从中学到什么。

首先，患者（及其家人）会被冲倒在"无时间的岸边"——这个说法来自我们之前提过的范登贝尔赫，他在《病床心理学》中写道："所有的事情都在随着时间变化，但患者却被冲到在无时间的岸边。"

一个人如果得病了，他就与工作等事情脱离了关联，明天也不再是今天的延长，因为**未来不会按照他预想的那样如期而至**。实际上，在生病之前也是如此，未来不可预见，只是人们在健康的时候意识不到这一点。

范登贝尔赫问："对人生误解最严重的是哪些人？难道不是健康的人吗？"

意识到"明天未必一定到来"拥有其积极的一面。有人生病了，得知自己已经时日无多之后，他对于时间会产生与以往不同的看法。这就是生病时我们能学到的东西。

《形而上学》中，亚里士多德在对比"运动"（Kinesis）和"现实"（Energeia）时曾提出了以下理论：任何"运动"都有起点和终点。就运动来说，为了更高效、更快速地到达目的地，只要能乘坐快速列车，就没必要特意乘坐经停各站的普通列车。到达目的地很重要，但是只有前往目的地的动作，最终却没有到达目的地，这就意味着运动未完成或不完整。

另一边，"现实"则指的是现在"正在进行"的事情，也是一个"已经完成的"动作。需要注意的是，这里所说的动作和前面提到的有起点和终点的"运动"意义不同，对于正在做的事情，不管它是否达到了某种目标，这个动作都已经完成了。

以跳舞为例，"现在正在跳舞"这件事本身就是有意义的，所以没有人会想要去哪个地方跳舞。旅行也是"现实"动作的典型例子，我们出门的瞬间就代表着旅行已经开始了，即使还没有到达目的地，去往目的地的途中也是旅行。对人们来说，在开始旅行的瞬间，时间运行的意义就已经与平时不同了。我不认为高效的旅行有什么意义，如果赶时间，也就丧失了旅行本来的意义。

那么，人生是一种怎样的运动呢？人们会把人生想象成一条有起点（出生）和终点（死亡）的线段。当被问到"你的人生处在哪个位置呢"的时候，年轻人会说在线的左半部分，年纪大的人会说在线的右半部分。但是，人们的答案中所谓的"快到线段中点了"或者"刚过线段中点一点儿"，都是基于自己还有很长的寿命来判断的。至于自己现在到底处在人生的哪个位置，谁也说不清楚。

假如一个人能活到七八十岁，那么他可以说自己已经过了人生的中点，但**大概所有人到了这个年纪都已迈入人生的后半程了。**

当人们生病的时候，就不能用这样的线段来描述人生了，因为对生病的人来说，还有没有未来都不一定。

人生并不是拥有起点和终点的"运动"，而是同例子中的舞蹈一样，是"现实"动作。也就是说，即使人生没有到达某个预定的目标，但**每时每刻都保持着"活在当下"的状态，这不也正是人生吗**？

我的母亲在四十九岁时死于脑梗死。她生前一直挂在嘴边的话就是等我们这些孩子长大后，她要去旅行。她病倒的时候，孩子们已经长大了，可她的旅行计划却一直没有实施。母亲在病床上时说，旅行应该说走就走，如果因各种原因不断拖延自己想做的事情，就可能永远都没有机会去完成它了。

对于像我母亲这样突然撒手人寰的人，人们常说他们在人生目标还没有完成的时候就半途倒下了。我并不这样认为。"半途"这个词表示他们把人生看作了一种空间，而如果把人生看成是一种"现实"动作，那么人只要活着，他度过的每时每刻就都是完成时，所以即使等不到明天的到来，也可以说当下的人生是完成了的。

假如能认清这一点，**我们就不要把一切留到疾病恢复之后再做，或者说哪怕无法从疾病中恢复过来，我们也依然需要把握活着的每分每秒**。范登贝尔赫所说的"被冲倒在无时间的岸边"的含义也许并不是患者已经没有时间了，而是他们对于时间产生了与常人不同的理解。

"活着"就是在做贡献

阿德勒曾提到一则案例，一名少年因病在床上躺了一年，痊愈并复学后，他仿佛变了一个人似的。

在此之前，这名少年一直感觉自己不如其他兄弟姐妹受欢迎，但在生病期间，他发现家里的每个人都在为他的康复做着力所能及的事情。从这件事中，他明白了自己并没有被父母冷落，而是被深深爱着。

生病的经历改变了他对这个世界的看法。此前他把他人都看作敌人，但是经历了家人无微不至的关怀和照顾，他懂得了自己其实是被爱着的，他人不是敌人，而是伙伴。

但并不是每个人都能这么想。有些孩子知道自己生病的时候，平时不怎么关注自己的家人也会为了照顾自己而忙前忙后，于是借此吸引家人的关注（这种行为不仅仅存在于孩子身上）。

不过康复之后，患者通常就得不到像生病时得到的那种程度的关心了。因此生病之前就以自我为中心的人，在病好之后会因为不再被特殊关注而失望，从而出现反复生病的情况，而这种反复发作从医学上来说是讲不通的。

在这里我想强调的是，我们的价值与能否获得他人的关注无关。通过生病的经历，我们可以意识到，即使自己因生病什么都做不了，**但活着本身就有价值**。

对于这一点，我们可以换位思考一下，如果不是自己而是家人或重要的朋友生病了，此时我们就会发现，他们活着对我们来说就是谢天谢地的大喜事了。而且，只要能为患病的家人或朋友尽一份力，我们就会十分开心。我们并不奢求他们对自己表达谢意，即使没有得到他们的感谢，我们也会因为自己以某种形式为生病的人做出了贡献而感到满足。

我长期照顾患阿尔茨海默病的父亲，他的生活如同沙画一样，不断抹除旧的记忆，生成新的记忆，仅仅算是活着。但不管过去我与父亲的关系多么复杂，现在能看到父亲平静地度过晚年时光，对我来说真的是再好不过的事情了。

假如在家人或朋友生病的时候，我们能为他们活着这件事感到由衷的高兴，那我们自己生病的时候，其实也是提供了让别人付出和感到喜悦的机会。当然，能这样想是需要勇气的。

以我自身的经历来说，我生病的时候，我总觉得自己这样是在给他人添麻烦。但其实这样的想法是不信任他人的表现，用阿德勒的话来说就是**没有把他人当作"伙伴"**。

在因心肌梗死病倒之前不久，我收到了少年时代的同桌的问候信，现在的他已经成了一名大学教授。多年以前，我曾自负地认为自己选择了一种与其他任何人都不同的生活方式，但有一段时间，我强烈地希望能够进入大学教书。因此，在收到朋友的信后我深受刺激，并且令人惊讶的是，这件事情在我脑海里一直挥之不去。坦率地讲，对于朋友的进步我并没有感到高兴，反而产生了嫉妒心理。

住院后不久，我又想起了这名同学。我拜托家人将信带到了病房，并从上面找到了他的邮箱地址，然后给他发了封邮件。邮件发出后很快就收到了同学的回信，而且当天他就出现在了我的病房里。当然，他的工作肯定是很忙的，但他还是因为担心我而赶来了。那个时候，我深刻感受到了之前引用的北条民雄所说的"生命本身的可贵"。

我懂得了即使自己失去一切，这个世界上也还有这么一群人深深地关心着我，这也是我从生病经历中得到的宝贵经验。

无法逃避的死亡

人生在世，死亡是一个逃不开的话题。对死亡的认识因人而异，但人生的最后一定会迎来死亡，这一事实不可避免地影响着人们的生活方式。

古希腊哲学家伊壁鸠鲁说："在各种坏事中最可怕的是死亡，但其实它和我们毫不相干。因为当我们活着的时候，死亡还没有来临；而当死亡来临的时候，我们已经不存在了。"

这确实是一种对死亡的见解。我们可以看到"他人的死亡"，但不会在活着的时候经历"自己的死亡"。自己的死亡只有在自己真的死了之后才能体验。对我们来说，活着的时候，死亡是不存在的。

但是，死亡之所以可怕，是因为没人知道死亡到底是什么样子的。人们对于未知的事物会感到恐惧和不安。虽然一些人有过濒死体验，但是濒临死亡仅仅是离死亡很近，并不是死亡。

很多有过濒死体验的人说，死亡并不是什么可怕的事情，我们经常听到这样的话。如果他们说的是真的，人们也许就能毫不畏惧地面对死亡了。可遗憾的是，没有任何一位死去的人会回到这个世界，所以没有人能证实他们的话是真还是假。

另外，虽说死亡很可怕，但许多人坚信这个世界上只有自己不会死。哪怕重伤濒临死亡，他们也不会放弃活着的希望。

我被救护车送到医院的时候还有意识，所以还能清晰地记起医生告知我得了心肌梗死。听到医生说出这四个字后，我在想现在得这个病是不是太早了，我不想这么简简单单地死去，死了会很寂寞，所以根本没想过自己会死这件事。当然也可能是我听到心梗就被吓呆了，脑海一片空白。

尽管如此，被医生从死亡深渊中拉出来的这段经历还是让我学到了很多东西。也有人单纯地问我："你体验过濒临死亡的感觉吗？"我当然没有体验过，但被抢救过来后，我对"死"的看法还是发生了相当大的变化。这并不是说那时我已经完全康复，所以不再害怕死亡了。其实，手术后的第二年我还得接受冠状动脉搭桥手术，一旦心脏稍有不适，就要面临死亡的危险，所以死亡更加深刻地印在了我的脑海里。

克服对死亡的恐惧

如上文所述，死亡对我们来说并不是只有在死后才会出现，我们活着的时候，时时刻刻都在接触死亡。当然了，**活着的时候面对的死亡不是死亡本身，而是对死亡的恐惧。**

实际上，人没有真正经历过死亡，就不可能懂得死亡是什么样的。因此，有的人没有经历死亡，却以否定的眼光看待死亡，认为它非常可怕，这种见解一定带有某种目的。苏格拉底说过，人们把死亡看作一件可怕的事情，是因为人们没有察觉到自己的无知，明明不了解死亡，却以为自己很了解。

尽管苏格拉底认为人们对死亡的恐惧是出于无知，可在我看来，人们之所以创造出对死亡的恐惧，**是为了逃避人生课题。**

如果人们觉得再困难的人生课题自己都能克服，也就没必要把害怕死亡和疾病搬出来当作逃避课题的理由了。对这些人来说，有了这种觉悟后，死亡和疾病就不再是可怕的事情了。

即便如此，人还是一定会经历疾病和死亡，这个问题是永远存在的。人们倘若为了逃避人生课题而惧怕死亡，那么在面对其他人生课题时也必然会是同样的态度。从这个意义上来说，死亡并没有什么特别的，死亡不是生命的对立面，而是作为生的一部分永存。

让死亡失效

为了摆脱对死亡的恐惧，有些人采取的方法是让死亡失效，也就是认为人不会死，或者说认为死去的人并未消逝得无影无踪。正如屈布勒 – 罗斯所说的那样，死亡只是人们从这个人生过渡到另外一个人生。人死后并不是不存在了，而是换了一种形态存在着，比如变成了风。

人们都希望上述观点是真的，这种心情我能理解。正因为相信人死之后也不会消失，人们才能克服对死亡的恐惧，而活着的人也会借此来寻求心理安慰，用时间治愈与死者天人两隔的悲伤。

即使没有回报

我的母亲先是为照顾我的岳母而辞去了工作，之后又为孩子奉献了大半生，等到她终于可以享受自己的人生之时，却意外因为脑梗死去世了。我曾想过，像母亲这样为他人付出一生的人，到底能得到回报吗？瑞士哲学家希尔蒂曾说过这样一段话："这个世界上有许多人犯了错却没有得到惩罚，这或许证明了人们的推论是合理的——在人世间，不是所有的账目都会被立刻清算，必然有些欠账要在今后的生活中加以偿还。"

我的确认为果真如此的话就太好了。然而，假如作恶之人得不到现世的惩罚，行善之人得不到现世的回报，那就证明人是有来世的。这是一种虚无缥缈的想法，我们不能把希望寄托于其上。

而且需要注意的是，如果一个人在活着时过着不求回报的生活，那么他在死后也不会苛求一定要得到人们的回报。

死亡不是私事

以前，我认为人是不会因为死亡而消失的，也觉得人如果可以不死该多好。而且，我希望这种不死是建立在保留了每个人的人格和个性的基础上的。

假如离开人世之时，我的人格和个性与某种大的事物融为一体，或者回归大自然的循环之中，那时候就算我没有消失，我也不再是我了。以这样的形式实现不死，不是我所期望的不死。

但自从生病以后，我在想，即使死后我们的个性与世间万物合而为一，彻底消失了，也没什么大不了的。之所以这么想是因为我意识到，首先，**就连我活着的时候，"我"这一人格也不是仅靠自己就能塑造完成的**，我现在的"个性"也无法脱离与他人的关联而独自存在。

其次，我在前文已经论述了摆脱以自我为中心、学会关心他人的重要性。我们只要不把自己摆在任何事情的第一位，就无须害怕自己死后个性也会随之消散了。

留给下一代的东西

请注意上文引用过的阿德勒说过的一句话，"很多人把身体的急剧衰弱或内心的动摇看作自己马上要从世间完全消失（死亡）的证据，并因此而感到害怕。"

阿德勒不认为人死之后就完全消失了，但至于一个人死亡后他的个性是否会消失，阿德勒并没有直接将其当作一个问题来思考。他曾经说过这样一段话："是否害怕年龄增长或死亡是（人生的）终极考验。如果有人将自己的生命以后代的形式传承下去，或是能因自己为文化发展所做的贡献而被人们永远铭记，那么从这种意义上说他们的确没有死亡。而确信自己不死的人是不会害怕年龄增长和死亡的。"从另一方面来说，人生在世时间有限，人们在人生的最后一定会面临死亡。但是有人不希望自己从共同体中完全消失，那么为全人类的幸福做出贡献，则是认可他们"不死不灭"的条件。而他们留下的后代和已经完成的工作就是为人类幸福做出贡献的例子。

虽然不同的人会采取不同的方式，但留下某种东西，并以此为子孙后代做出贡献，这种做法是非常有意义的。此时，我们还在不在人世并不是什么大问题。正如阿德勒所言，母亲要做的是为孩子开辟道路，确保孩子成为对社会有用的人。人们生孩子既不是为了延续血脉，也不是为了养儿防老。

西塞罗在《论老年》一书中引用过古罗马剧作家斯塔提乌斯的一句话："我们要为后人'乘凉'而'栽树'。"换个角度理解，即使现在播下种子，我们在自己的有生之年也有可能无法亲眼看到它开花结果。

还有一句老生常谈的名言，马丁·路德曾说过："即使明天世界就要毁灭，我也仍然要种下一棵苹果树。"

无论上面哪一句话，我们都不能简单地按照字面意思去理解。他们想表达的并不是真的要种一棵树，而是就算自己看不到成果，他们也要给后世留下点儿什么，这可谓是不死不灭的一种形式。

更进一步说，人们留下的也可以不是某种具体的事物。例如，内村鉴三在《给后世的最宝贵遗产》中提出，他希望自己在离开这个世界时，能留下自己爱这个"地球"（我留意到这里他并没用"国家"一词）的痕迹。那么究竟要留下什么呢？他认为可以按照下面的顺序排列。

首先是"金钱"。不过内村指出,"赚钱不是为了给自己享乐。我希望大家能够秉持实业精神去看待金钱,遵循天地宇宙的正当法则去赚钱,并将金钱用于为国家谋富强。"可问题在于不是每个人都有赚钱天赋。因此,内村给出的第二选择是建功立业,之后的第三选择则是留下自己的"思想"。但是这些都不能成为"最宝贵"的遗产,因为不是每个人都能留下功业和思想。

于是,内村把"生涯"看作每个人皆可为后世留下的最宝贵遗产。即便是没有留下什么实质东西的人,抑或寂寂无闻的人,也会将自己的人生留给后世。内村这样写道:"我在想,在人类可以留给后世的遗产中,什么是人人皆可躬行的、有百利而无一害的呢?假如真的有这样一种遗产,那么我认为它应该是勇敢而高尚的生涯。"

刚才我们首先探讨了人死之后彻底消失的可能

性，随后论述了如果人死后不会消失，那么其个性会不会消失的问题。最后我们得出结论，从人们遗留给这个世界的东西的角度看，人死后个性也不会消失。正如内村所言，人类离世后会留下自己的生涯，每个人的生涯与这个人都是无法剥离的。

更进一步说，我们不能因为胎儿没有自我意识就单纯地认为胎儿不是人。感受到胎动的母亲认为胎儿肯定是一个人，另外，我的因为脑梗死丧失意识的母亲肯定也是一个人。同理，一个人就算死了，对还在世的人来说，他也仍然一直作为原来的那个人存在着。

西塞罗《论老年》一书中的叙述者名叫加图。对于自己所敬爱的人，他写道："如果这个人去世了，就没有人可以从他那里接受教导了。"确实，我们不能从去世的人那里直接学到什么。但是，假如那个人留下了一些文字，我们就可以阅读他的思想。而且，如果我们在那个人生前曾与他有过交谈，我们也会记得他说过的话。

我们的主要着眼点并不是人，而是人所说的话。哪怕是在几十年前去世的人，只要他说过的话能够强烈地触动我们的内心，成为我们生存下去的力量，那么在我们心中他就永远未曾离去。而对死者来说，这也是他实现不死不灭的一种形式。

虽说人死后会留下自己的生涯，但也有人认为无名之辈连生涯都不会留下。对此，阿德勒认为，就算是被称为天才的人物，假如他没有为人类做出贡献，那么他死后也不会在这世上留下痕迹。而那些名字没有出现在历史教科书上的人，只要他们做出了自己的贡献，我们这些尚且活着的人就能从其生涯中学到很多东西。

反之，有人从自身角度考虑，觉得人死后到底能不能变成自己所期待的死亡状态是属于个人的私事。对于这种观点刚才我强调过，即使我们死后彻底消失了，也没什么大不了，哪怕死后被人遗忘了，也不能责怪那些忘记了我们的后人。

在我看来，就算我死后被人们遗忘，只要我能给后世做出贡献，哪怕只惠及一个人，能对其造成积极的影响，那我也算是为后世尽了微薄之力，这不正是我所期望的吗？事实上，许多默默无闻的前人以各种各样的形式为后代做出了贡献，正是由于他们的全力以赴，现在的我们才得以生存。

重松清在他的小说中讲述了这样一则故事：一位丈夫收到了因癌症去世的妻子生前写的信，妻子在住院期间把那封信交给了护士，当她去世后，丈夫从护士那里收到了这封信。信封里边是一张便笺，上面只写了一句话——"忘了就好。"

"活出美好"的具体内涵

最终我得出一个结论：我不知道死亡是什么样的，而且我也不知道我今后还能活多久。然而，死亡是什么样的并不影响我们现在活着时的生活方式，只要活着，我们**就不用纠结死亡是什么样的，而要好好思考该怎样生活**，这也是看待死亡的一个视角。

我们既然不知道死亡是什么样的，也不知道自己能活多久，那么为此事而烦恼就是毫无意义的。正如阿德勒所说："这个世界上有很多人连生存都困难，他们只能为了活下去而忙忙碌碌。"果真如此的话，这些人就不可能把注意力放在如何保持长寿上，他们只能在被赋予的有限生命中做好自己力所能及的事情。

阿德勒说："重要的不是我们被给予了什么，而是我们如何利用被给予的东西。"这句话适用于所有关于生命的问题。那么我们要怎样利用好被赋予的生命呢？对此，可以借用柏拉图的一句话来概括："真正重要的不是活着，而是**活出美好**。"阿德勒也说过类似的话："人生有限，但足以活出价值。"

柏拉图说的"活出美好"，意思是对人们来说重要的是好好生活。对此阿德勒的解释是："只有当我的价值能让共同体受益时，我才能真正体会到自己的价值。"

上文提到，我们只有在感受到自己对于他人的价值的时候，才能真正地喜欢上自己。当人们能够这样想时，他们才会觉得自己的人生是值得的，也只有此时，他们才能做到愉快地与人交往，不逃避以人际交往为主要内容的人生课题。

阿德勒认为，只有那些抱怨自己人生不如意的人才会觉得人生没有意义、没有目标。整天梦想着好运降临，认为即使自己什么都不做，周围的人也会帮自己解决一切——有些人长大成人后依然保持着这种被宠坏的孩子般的生活风格，他们在面对社会的艰辛时往往力不从心。此时，他们感受不到自己的人生意义，也找不到自己的人生目标，所以他们会想方设法地逃避自己的人生课题。

回到死亡这个话题上，要想不去考虑死亡的问题，并不是只有"活出美好"一种方式。处于甜蜜恋爱中的人一点儿也不担心这段恋情将来能不能持续下去，因为他们的生活极其充实，所以完全没必要去考虑未来的事情。如果恋爱中的生活充实到让人无暇考虑未来的地步，那就可以说这段恋情是大获成功的。相反，如果生活不充实，恋爱中的人就会不断地为以后的日子发愁，变得惶恐不安。

人生亦是如此，倘若我们专注于活出美好，就不会担心将来的事情。活出美好并不代表完全不考虑死后将变成什么样子，但如果你只把心思放在这个问题上，那么你就无法好好地过完这一世的生活。

第五章

在日常生活中发现幸福

偶尔停下脚步

在第四章中，我们了解了亚里士多德对"运动"和"现实"的区分，把上下班和上下学等具有起点和终点的动作称为"运动"，并举例说明，对"运动"来说，最重要的是在此期间尽可能高效地到达终点。不过，像上下班和上下学等日常生活中会重复做的事情，有时也可以看作"现实"。

即使不去旅行，在上下班的电车上，我们时常也出神地望着窗外的景色。如此看来，一些追求效率的日常行为就不再是相同事情的简单重复了。

另外，对个人来说，患病并不是常态，但即使没有经历过病痛，人们依然可以抱着"明天不一定会到来"的态度活着。当然，很多人并没有这种意识，在他们眼中，未来的人生是可以预见的，因此很多年轻人早早地开始规划自己的人生。

现在，或许有人能够意识到人生在世前途未卜，但还有很多尚未踏入社会的年轻人，或是替孩子谋划前程的父母，他们仍对未来存在一种误解，认为只要是从一流大学毕业的人，这辈子就一定能拥有稳定的生活。也有人觉得，只要考上了很难考的大学，就可以预见自己的未来。但事实上，这种美好的未来仅仅是他们的愿景，未来是无法预测的。

他们之所以着眼前方，是因为他们现在的人生只有一点儿淡淡的光芒。如果用聚光灯把一束强光照射在"此时、此地"的他们身上，那么他们的前方则一片黑暗。

看不到未来确实令人不安。但我们只要过好现在的每一天，让每一个"此时、此地"都有完美结局，就不用担心未来了。以明天未必到来的态度活着需要大气魄，但只有做到这些才是我们之前提到的"现实"的生活方式。

我并不是在夸夸其谈。早上我打开冰箱，突然发现自己脑海里想的是今晚要做什么饭吃，不由得苦笑了起来。虽然不能说已经做好了万全的准备，但新的一天就要开始了，我们首先要做的是好好活到傍晚，至于晚饭的事不用一大早就开始考虑。

我上小学的时候总是惦记着上初中，而上了初中又惦记着上高中。现在回过头来想想，如果那个时候我能更好地享受当时的时光就好了。虽然那时为了升学我必须好好准备考试，但那一段人生并不是我此后人生的准备期。

我们不能总想着"我现在的人生只是暂时的，等我实现了某个目标，我将迎来真正的人生"。其实，现在的人生才是"真正"的人生，现在你过的每一分钟都不是人生的彩排，而是正式的人生演出。

以前，我在内科诊所工作时，经常有跟我父亲差不多年龄的人来问诊。在问诊的最后，总有人拜托我说："您能不能把刚刚说的要点简要地写下来，我怕我过后会忘了。"对此，我经常回复道："今天我写的也是同样的话。"并在便签上写下**"人生不要拖延"**。像我这样的年轻人本不应该向长辈说什么道理，但避免拖延是我们为了获得幸福而做的一种微小的，却又很重要的心理准备。

时间无限

如果人们能集中精力活在当下、活出美好，就不会错过很多突然到来的大好机会。要准确判断出什么时候是好时机并非易事，但别人突然冒出来的一句话都有可能给我们的人生带来巨大转机。

另一方面，在聚精会神过好当下日子的同时，我们在做其他事情时也应该设想自己拥有"无限的时间"。哲学家森有正告诉我们："切莫慌慌张张。像里尔克说的那样，假定你拥有无限的时间，你需要从容不迫。只要做到这一点，就可以高质量地完成工作。"

著名禅宗研究者铃木大拙在九十岁高龄之际，开始致力于亲鸾的《教行信证》的英译工作。最终，他在九十三岁时完成了全部六卷的翻译工作。据说，在这段时期，铃木大拙除了吃饭，把时间全部都用在了翻译上，每天如果没有完成十页的任务量就不去休息。

冈村美穗子一直在照顾铃木大拙，她看到铃木大拙丝毫不在意自己的年龄是否能承受这样高强度的工作，有时会因为担心而生气。

第一次读到这个故事的时候，我不禁反思，假如我活到铃木大拙那个年纪，我能接受连续几年如此高强度的工作吗？即使能接受，我也会掂量一下自己到底还能剩下几年的寿命，如果认为我剩余的寿命不足以完成这项工作，我最终还是会放弃。

可仔细想想，铃木大拙对这项工作的付出或许并没有什么特殊的地方，他是否平时在从事任何工作时都一定坚持完成，我们不得而知。但是，倘若我们从可能无法完成这一角度去考虑工作，那么任何工作都无法启动实施。

阿德勒说："拥有自信，认为自己能够勇于挑战人生课题的人，不会因为时间问题而焦躁。"有些人以"没有时间"为理由拒绝接受工作，可以说他们把生命有限当作了逃避课题的理由。阿德勒的这句话也可以反过来理解——没有自信去迎接挑战的人才会焦躁，为了解释这种焦躁，他们搬出了时间有限的理由。

兼顾两种生活方式

如上文所述，**人们既要着眼未来，又要集中精力过好当下**，两种生活方式需要兼顾。换言之，不管现实如何，人们都要做到"不丧失理想"和"过好此时此地的生活"的平衡兼顾。

当今社会是残酷的，不竞争就无法生存。从这种社会现实看，也许有人会认为阿德勒提出的"把他人当作伙伴""为他人做出贡献"脱离现实，不切实际。

但理想正因为不是现实，所以才被称为理想。而且正因为看清了前路，我们才能不因当前发生的事情而动摇，集中精力过好现在。即使人生中遇到了举步维艰的情况，从长远看，或者过后回过头来看，这也仅仅是人生路上的一个大的插曲，不是什么致命的事情。

然而，现在正处于（或者自己认为正处于）不幸漩涡中的人可能无法理解这一说法。毕竟，就算明天疼痛会消失，"现在"的疼痛却一刻也无法停止。我认为，我们不是神明，对于处在不幸漩涡中的人，比如身边的人遭遇不幸离世等，即便我们安慰他们一切都是上天的安排，多数情况下也给不了他们丝毫缓解悲伤的勇气。

在人生路上，确实有时候会发生迷失方向的状况，我认为此时我们可以把理想当作阿德勒所说的"指引之星"，由它指引我们在人生路上继续前进。如此一来，所有事情都发生在我们通往理想的道路上，即使遇到了暂时的挫折，我们也不会感到绝望。

如果人们明白了这一点，就不会执着于那些人生道路上的障碍，他们可以选择暂时绕开这些障碍去做另一件事情。最终能够达成理想就是我们的终极目标，而这个终极目标一定是"幸福"。

聚焦于目标

人们如果没有聚焦于"幸福"这一终极目标，就会把眼前的一些事情误认为是最终目标。眼前的某个目标明明不是最终目标，却有人把达成目标这件事本身当作一个目标，在这种思维定式下，即使清楚地知道它对实现终极目标毫无用处，他们也无法停止做无用功。

也有人认为只要能达成目标就好了，从而忽略了达成目标的过程。有人觉得考上大学或结婚后，幸福就指日可待了，但这些事情仅仅是人生某些阶段的起点，绝对不是终点。

只要聚焦于终极目标，人们就任何时候都不会在一条路上走到黑，必要的时候随时可以转向另一条可行的路。不过如果在此前的道路上耗费了大量的时间、精力和金钱，那么改走另一条路就需要莫大的勇气。

实际上，改变初心的事情时有发生。哲学家鹤见俊辅曾帮助过一名越南战争中的逃兵。有一次，一名逃兵住在了鹤见俊辅家的二楼。据那名逃兵说，自己如果参加越战，学费会被免除，父母也会得到很好的照顾，而经过检查，他的身体很好，所以他决定立即动身前往越南。但是，在越南等待他的是要么杀人、要么被杀的残酷现实。

我想，如果那名逃兵从一开始就多了解一些关于战争的事情，那么他是很难下定决心报名参战的。这仅仅是关于改变决定的一个特殊的案例，其实每个人身上多多少少都会存在一些需要更改决定的情况。

鹤见俊辅说："假如你参加了阿富汗战争，你在见证不断的杀人与被杀过程中思考，会得出什么结果呢？你还会遵从'半途而废真差劲'等所谓的日本的昂扬的正义感吗？"

当然，人们并不是在所有情况下都能选择换一条路走。但是，当我们做出决定要改弦更张时，如果我们能牢牢聚焦于终极目标，那么无论发生什么事情，我们都不会有任何动摇。因为我们始终瞄准的是最终目的地，在这个过程中，我们可以做无用的事或看起来徒劳无功的事，也可以绕道而行，无论做什么，我们最终都是在朝着终极目标前进。在到达目的地之前一直睡觉的话确实很无聊，所以不如好好享受途中的景色。

话虽如此，很多人还是认为，虽然可以在中途转换一下心情，但他们并不支持随随便便地就改变原来的主意。持这种观点的人往往认为做任何事情之前都需要深思熟虑，做出决定之后就不要再变，"就这样做吧，以后不能再变了。"

基于以上讨论，我认为只做有利于达成目标的事也是不对的。对学生来说，学习备考固然重要，但并不能牺牲学习之外的其他事情。

说到目的性，机器比任何东西都要强，因为机器就是为了达成某个目的而被制造出来的，所以机器只会为了实现目标而工作和运转。但人类的目的性并不是因为被不知名的力量推行向前，而是自己树立一个目标，主动朝着目标前进。在实现目标之前，我们不仅要做有利于达成目标的事，偶尔也可以做一些无用的事，可以说这就是人与机器的区别。像机器这种纯粹追求效率的运行方式，与人类的生活方式不可相提并论。

人生的困难

我们所面对的人生课题中没有任何一个课题是容易应对的，但是人们逃避课题往往并不是因为有困难，而是**因为害怕挑战失败**。他们会分析自己的人生中或人生课题里有哪些巨大的困难和危险，并将其当作逃避人生课题的正当理由。作为逃避人生课题的借口而被搬出来的人生困难，并不是真正的困难。

人生是苦还是不苦呢？当然是苦的。有时候我们会觉得这个世界并不完美，经常会发生一些毫无道理的事情，比如孩子夭折，年轻人英年早逝，遭遇事故和灾难，被卷入某起事件……

人们即使不被卷入这些意外中，随着年龄的增长，也会逐渐变得体弱多病。要是一个人独自生活，那另当别论，但要与人相处，就必然少不了人际关系上的纠纷。但即便如此，如果说人生尽是苦难也是言过其实了。

阿德勒既反对世界是幸福美好的，也反对用悲观的语言来描绘世界。他说："这个世界上有很多过得洒脱的人，但对这些人来说，生活中并不全是快乐，肯定也有属于他们自己的不快乐。"

人生中不仅有愉快的事情，也有不愉快的事情，关于这一点阿德勒指出，"世界上过得洒脱的人"也不例外。阿德勒很喜欢用"在这个地球上或世界上过得洒脱"这个表达方式，与之相反的表达则是"身处敌国之中"。

阿德勒说:"世界上不免有奸恶、困难、偏见和灾难,但这仍是我们的天地,优点和缺点也都是我们的。"

这个世界上存在奸恶,人生也不全是好事,包括我在内的人们都经历过苦痛,但我现在依然觉得活着真好。所以我想说,**即使人生存在痛苦,人也有活着的价值**。

改变世界

不管这个世界上有什么样的困难,我们都不能把目光从自己所处的现实中移开,而应该踏踏实实地做好自己力所能及的事情。

说到这里,我想起了自己教母亲德语的事情。当时母亲因为脑梗死而半身不遂,躺在病床上,但她还是想学习德语。我从母亲身上学到了一点——人无论在什么时候都是自由的。

对于此类个人的问题，甚至对于我们所生活的这个世界，我们都应该找出自己力所能及的事情，而不是对现状感到绝望。内村鉴三说："在离开这个世界之前，你难道不想做些什么让这个世界变得更好，让自己离世时不留遗憾吗？"阿德勒注意到这个世界上存在罪恶和困难，在此基础上他也提出，在既有优点又有缺点的世界上，人们应该以适当的方式面对自己的人生课题，也就是"为了改善这个世界做出自己应有的贡献"。

让当下变得幸福

古希腊历史学家希罗多德在其编制的《历史》一书中，提到了一段古希腊七贤之一的梭伦与吕底亚国王克洛伊索斯的对话，这段对话后来被广泛流传。

克洛伊索斯问梭伦："您为了丰富知识而周游世

界，见过了很多人。那么您认为您遇到的人中，谁是这个世界上最幸福的呢？"

事实上，克洛伊索斯觉得自己就是世界上最幸福的人，所以他才问梭伦这个问题。但梭伦的回答并不是克洛伊索斯，而是泰勒斯。梭伦给出的理由是：首先，泰勒斯出生于繁荣的雅典，有许多优秀的孩子，而且他们以及他们的孩子都平安地长大成人了；其次，泰勒斯一生享尽人间安乐，却又死得极其光荣，在和邻国作战时，他率部英勇作战，战死沙场，雅典人为他举行了国葬，给了他很大的荣誉。

克洛伊索斯对这个答案感到不解。其实不仅是克洛伊索斯，我对于这个答案也会感到迷惑。直到今天，我都不觉得自己与自己所居住的国家是浑然一体的，也不认为死于战争的人是幸福的，哪怕他有自己的孩子，生活富足。

克洛伊索斯接着问梭伦："难道我的幸福毫无价值吗？为什么您不把我的幸福放在眼里？"梭伦答道：

"我不知道您这样的幸福会持续到什么时候，即使今天是幸福的，明天会发生什么谁也说不准，人类万事皆偶然。"

后来，克洛伊索斯统治的吕底亚王国首都萨第斯被波斯军队攻陷并占领，克洛伊索斯本人也被囚禁，最终被处以火刑，他在高高堆起的柴火上被活活烧死。死前，克洛伊索斯突然想起了梭伦的话。

梭伦说："人只要还活着，就不能说自己的一生是幸福的。"

果真如梭伦所说，人只要活着就不能说自己是幸福的吗？对于这个问题，我的答案是：**不需要等到人生的最后一天，也不需要等到明天太阳升起，只要抱着过好当下每一天的心态好好活着，我们就可以说自己是幸福的。**

要想获得幸福，只追求个人的幸福是不够的。更进一步说，只有自己变得幸福是没有意义的，而且恐怕也不可能只有自己变得幸福吧。

正如我多次提到的，人不能脱离与他人的关联而独自生存，需要与他人共同生存。此时，我们有很多事情是由别人帮忙做的，而我们也会影响他人、帮助他人，人生并不能只讲索取，还需要付出。

从这层意义上说，人与人之间是相互依存的关系。人们不牢记这一点，是不会幸福的。芥川龙之介在《蜘蛛丝》中讲述了这样一则故事：主人公犍陀多抱着从天上垂下来的银色蜘蛛丝，正要从地狱爬上极乐世界的时候，看到其他的罪人也在沿着自己抱着的这条丝往上爬，于是大喊"这条蜘蛛丝是我的"，话音刚落蜘蛛丝就突然断了。

人们在这种相互依存的关系中，不仅可以接受他人的馈赠，也可以为他人付出、奉献。在这种情况下，人们即便不能在"行为"层面上为他人做出贡献，也可以在"存在"层面上做出贡献。

不管采取哪种方式，**只要能感觉到自己对他人有贡献、有帮助，人就会变得幸福。幸福就是贡献感，**

这个意义上的幸福，我们不用等到人生结束时也可以获取。

娱乐也是人生课题

前面我好像一直在写关于人生是痛苦的话题，在本书的最后我要谈一谈关于娱乐的话题，这也可以说是一种人生课题。**工作是生产性的，而不具备生产性的便是娱乐。**但我们不能说工作因为是生产性的所以有价值，娱乐不是生产性的就没有价值。在属于娱乐的时间就应该好好享受欢乐时光，**只有玩得好的人才能完成其他的人生课题。**

事实上，我本人在娱乐方面并不擅长。所以关于娱乐如何重要这个话题，我其实没有多少发言权。但是，我突然想到了我做冠状动脉搭桥手术时的主刀医生中岛昌道。

我所接受的这种手术需要在心脏停止跳动的状态

下进行，当时我只能依靠人工心肺维持身体机能，可是让心脏停止跳动会使我感到莫名的恐惧。手术当天早上，主刀的中岛医生对我说："你可以不用强颜欢笑。"我回答说："好的，我真的很害怕。"听闻此言，中岛医生开解道："这种手术是有点儿吓人，但我对自己的技术很有信心。"他的话一下子消除了我对手术的恐惧感。

中岛医生作为一个主刀了六千多台手术的资深医生，不可能不知道任何手术都有可能发生意外而带来生命危险，所以我不认为他真的那么自信。但是，在那个时候，我非常希望能听到这种自信的话语。

与我不同的是，中岛医生很会放松自己，他总是神采奕奕的。我一度很不理解这一点，总以为他只是为了安慰患者才这样做。直到我发现，他除了对我们这些患者热情外，对家人、同事，甚至是前来探望的患者家属也都一视同仁，总是亲切地与他们交谈，这让我改变了原先的看法。

我从护士那里听说，中岛医生平时都是"把医院当作'游乐场'"。听到这里，我的不解一下子消失了。通过与中岛医生交谈，我认识到，作为一名患者，虽然我现在面对的是生死攸关的事情，确实需要认真面对，但也没必要搞得过度紧张。尽管医生的工作十分繁重，而且给人做手术会导致他们经常处于极度紧张的状态中，但中岛医生依然不忘苦中作乐，把医院当作"游乐场"享受生活。他的这种生活态度对我影响很深。

　　作为"现实"的生活确实需要我们重视生命中的每时每刻，但是我们没必要一直处于紧张到窒息的生活状态。

最后就看你自己了

在阿德勒心理学中，帮助前来咨询的人应对人生课题的最重要手段是"**赋予勇气**"。虽然我们可以指出他们的优点，也可以让其关注自己对他人的贡献和帮助，但如果他们自己不想面对人生课题，那么一切都是徒劳。

例如，建立人际关系是人生的一大课题，逃避这一课题的人，无论怎样都能从他人身上找到问题，并将其当作自己难以与人交往的理由。同样的，对自己来说也是如此，有人为了不与人交往，或者停止与人继续交往，很容易找出自己身上的一些缺点、毛病，并将其当作逃避交往课题的理由。关于这一点我们在前边已经论述过。

对这些人来说，假如你对他们说"你的人际关系出现问题并不是你的错"，他们会很感激你，觉得你能真正理解他们。但如果你这样说的话，他们显然会把现在的状态归咎于他人，并且不会为了建立人际关系而努力。

遗憾的是，在他们自己意识到迄今为止的生活风格是错误的、需要做出改变之前，无论我们做怎样的工作，都不会起到任何效果。这种情况就好像心理咨询师与前来咨询的人一同带着地图出去旅行，走到某个地方，心理咨询师说："我们必须在此分手，之后的路就需要你自己走了。"从此刻开始，心理咨询师什么都做不了了，剩下的路需要靠他自己努力。

但也有人认为，就算不接受心理咨询，**自己的生活方式也会出现些许的改变，而他们的人生从这样想的那一刻起就已经产生了变化**，就像人们在决定出发前往卢尔德泉水[1]寻找奇迹之水的时候，忽然不治而

1　传说圣母玛利亚指点人们在法国南部卢尔德的山洞中挖掘出能治疗疾病的泉水，后来卢尔德成为圣地，人们来朝圣并饮用圣水。——译者注

愈一样。我想，这就是伴随生活态度的改变而发生的神奇变化吧。

　　读者朋友们在看到本书之前应该都思考过幸福是什么吧？关于怎样才能幸福地生活这一话题的探讨到此结束。**之后就看你是否能够下定决心让自己焕然一新了。**

后记

在陀思妥耶夫斯基的长篇小说《白痴》中，主人公梅什金公爵讲述了一个关于死囚的趣事。这名死囚基于对政府机关形式主义的认知，认为自己起码还有一周时间才会被执行死刑，但他没想到的是，行刑时间不知道因什么事情而提前了。某一天凌晨五点，当他还在睡觉的时候，看守人员把他叫醒了。

死囚问："怎么了？"

看守人员说："今天九点之后就要行刑了。"

这名死囚本来认为政府的文书怎么着也需要一

周时间才能走完程序，看守人员的话让他彻底清醒了过来。即便如此，他还是放弃了争辩，沉默了一会儿后，他说："一下子变成这样，总觉得很难受……"

在正文中我也提到过，我在 2006 年因为心肌梗死突然倒地，之后被救护车送到医院，当医生告诉我是心肌梗死时，我的感觉和这名死囚是一样的。

历经九死一生，我幸运地活了下来。从那之后一直到现在，我一边直面死亡，一边继续思考"幸福是什么"，正如我在母亲病床旁所思考的那般。

犬儒学派哲学家第欧根尼被称为苏格拉底继承者之一，他作为一个苦行主义的身体力行者，一无所有，居住在一只木桶内。但为了方便喝水，他还留了一个碗。有一天，他看到一个孩子在河边用手捧水喝，便说"我输给了这个孩子"，然后把自己的碗也扔了。曾与死亡擦肩而过的我，就像第欧根尼一样，**把一切都抛掉了。**

在思考关于幸福的问题时，我尝试写下了这些关于死亡和疾病的内容。在我看来，与其说死亡、疾病与生存是对立关系，不如说它们是生存的一部分，是我们讨论关于幸福的问题时不能回避的话题，只不过我们平时忽略了这一点。从另一方面说，疾病与死亡的课题也并不是特殊的课题，人在直面疾病与死亡课题时的应对方式与应对其他课题时并无不同。

在正文中我曾引用过加图的一句话："如果这个人去世了，就没有人可以从他那里接受教导了。"我当然没有面对面地接受过阿德勒的言传身教，但也跨越时空从阿德勒身上学到了很多，对此我非常感激。虽然我做不到拥有像《斐多篇》中苏格拉底所说的"必须在缄默中死去"的心境，但这依然帮助我克服了人生中的一大危机。

在完成这本书的过程中，我得到了很多人的帮助，其中也包括在我出版第一本书《甘于平凡的勇气》时给予诸多关照的寺口雅彦先生，能够再次与他共事，我深感荣幸。同时，在本书文库本出版过程中，也承蒙总编辑黑田俊先生、责任编辑榎本纱智女士的关照，我在此一并表示感谢。

2014 年 4 月

岸见一郎